愿你在繁华世界

修一颗清凉的心

夏莲

著

团结出版社

学佛的最大利益，就是认识宇宙人生的真理，从而远离迷惑、贪爱与执著，立定人生的理想与目标，透过不懈的努力与实践，最终获得身心的解脱与自在。

自　序

　　近年"博客"平台日渐流行，社会上不同阶层、专业领域人士，都很喜欢利用这个信息窗口，发表个人的思想、意见，乃至是生活体验、人生感悟、理想与情怀等等，可谓百家之言，各抒胸襟，精彩纷呈，悦人心目；佛教中人亦不例外，各方大德，广开文字般若之方便，妙语纵横，喻佛法于生活，丰富多姿，深入浅出，弘阐正教，导人向善，惠及普罗大众。

　　自2009年6月10日起，我开始尝试投入博文写作。通过博客这个平台，与读者交流，亲切互动，至今不觉已有6年时间。其后微博日渐兴起并大行，故我又在2014年1月13日，发出了第一篇微博文。目前我的全部博文共有1700多篇，其中推荐博文240余篇，微博文则有近400篇，博客点击量近1700万人次，这是我从未想过的。

　　因此，我要特别感谢网友、读者们的支持，以及各种成就我的因缘。我的博文写作，并不是我个人的成就，可以说，我只是个执笔者、学习者、文字创作者、义理传达者。能得到大众的认可，实在令我深感欣慰。它的推出，它能走向网络阅读的世界，只是众缘和合，而如今合集成书，亦是拜众缘和合之所赐。

我记得禅宗里有一首诗偈："春有百花秋有月，夏有凉风冬有雪，若无闲事挂心头，便是人间好时节。"这是宋朝无门慧开禅师所写的，收录在著名的《无门关》中的第十九则，最为佛弟子所喜爱，读诵琅琅上口。这首诗偈的文字非常优美，描写大自然景致，禅意简单平凡而深刻，对如何做人处世、安身立命，做了一个很好的开示。

诗文的意思是说，春天有百花绽放，秋天有皎洁明月，夏天吹拂着徐徐凉风，冬天飘着皑皑白雪，春、夏、秋、冬四季分明的更替，犹如我们生、老、病、死的过程。在现实生活中，倘若我们能将生老病死、悲欢离合、荣辱得失，都不挂在心上，那就是人间最美的时节了。

当别人欣赏我、赞美我的时候，就感到信心遽增，无比开心、欢乐；当别人批评我、毁骂我的时候，就感到非常伤心、难过；若心情经常随他人的毁誉而起伏，如何能够获得真正的快乐？所以，我们要像慧开禅师一样，随缘自在，学会欣赏四季，在春、夏、秋、冬之中都能有不同的喜悦，"不以物喜，不以己悲"，不将无聊的闲事记挂在心头，心中无挂无碍，做到"定、静、安、虑、得"，不为外界所转、所动，如此才能得到真正的安乐与自在。

　　由此可见，当我们的心完全没有执着、没有挂碍的时候，才能流露出最真、最美的情感，而这也就是人间最美的呈现。换句话说，人间之美，乃是心灵之美的反照或倒映。《坛经》云："佛法在世间，不离世间觉。"佛法是即世间而出世间的，即既出世而又入世。是故，佛教提倡"以出世精神做入世事业"。因此，有关我博文及微博文选的内容编排与结构形成，亦是遵循此一弘教宗旨与理念。

　　为迎接2015年香港书展，我们西方寺的"香港菩提出版社"众弟子，特别从我推荐博文及较优美的博文中，精选出52篇，题为《喜悦人生》，以及从微博文中，选出308篇，题为《清凉菩提》，二书已于书展期间先后推出，作为献给读者们消暑除烦的心灵法雨。

　　与此同时，由于"博客"普遍流行于国内，故内地不少弟子阅读后深感喜爱，更有弟子发心整理汇集成册，编排出版，准备与内地读者广结善缘，此乃护持正法之善举，我深表赞叹。现由团结出版社先后推出《幸福何处寻》《愿你在繁华世界，修一颗清凉的心》二书，以简体文字发行。

　　上述作品，内容涵括：醒世、劝善、导迷、开示、讲座、对话、致辞、专论、随笔、杂谈、时事评析等方面。思想涉及：佛学、文学、历史、教育、文化、艺术等领域。以期能以多元化、多面向、多方位、多层次的角度，辅以传统与现代结合的方式，为未学佛者、已学佛者、有兴趣学佛者，介绍正知、正见、正信之佛法；愿与读者、莲友们，互相交流、学习，将佛法的好处及真实利益，永留人间，达到化世导俗、普济苍生之目的。是为序。

佛历二五五九年 岁次乙未 暮冬

于香港西方寺丈室

目 录
contents

Part 1

学佛的喜悦

Part 2

戒为无上菩提本

Part 3

出家与行孝

Part 4

菩萨畏因 众生畏果

Part 5

何处觅心安

Part 6
修行何处不道场

学佛的喜悦

实践真理　庄严人生

　　佛教作为世界三大宗教之一，信徒多达十余亿，而其教义更有日渐普及化之趋势。可是，一般人对佛教却不太认识，即使有些认识也可能不完全正确。因此，身为佛教徒或佛教的传弘者，实有必要将佛教的正确教义及精神向世人阐述，令世人明白佛法的真正好处及利益，从而获得更有价值、更有意义、更健康、更快乐的人生。

　　我们为什么要学佛？学佛的根本意趣究竟何在？学佛究竟有什么利益？

　　据《华严经》所载，佛教教主释迦牟尼佛在菩提树下成道，证悟了宇宙人生的实相，当时所说的第一句话就是："奇哉，奇哉，大地众生，皆有如来智慧德相，但以妄想执著，不能证得。"佛陀把自己所开悟的真理，和盘托出：所有众生原本都是平等无异，皆有佛性，皆可成佛，只因为有太多的妄想执著，真心被根本烦恼贪（贪欲）、瞋（瞋恨）、痴（愚痴）三毒遮蔽了，所以身、口、意三业（即行为、语言、思想）都是不正确的、都是颠倒的，因而起惑造业，沉沦苦海，在六道（天、人、修罗、地狱、饿鬼、畜生）中受报轮回。

是故佛陀成道后说法四十九年，无非为实现其普度众生的大愿。所谓非真佛教不能济世，非真正信不能安住。现世佛魔充斥，闻正法，修正法，传正法难。故佛教还需以成德之学为根本，以慈悲观显示大乘菩萨之精神，以缘起观阐明宇宙人生之真相，以三世轮回观解说有情生命之流转，以因果观道出善恶果报之循环，以期让佛法达致真正济世利民之目的。

所以，学佛的目的就是教我们从三毒烦恼中解脱，回复自性本来的清净面目。而当我们从烦恼中获得真正的解脱与清净后，自然就能体会到生命最高的喜悦。

一般而言，学佛的好处与利益，大致可以概括为三方面：一、认识人生；二、净化人生；三、庄严人生。

一、认识真理　领悟人生：

人从出生到老死，忙忙碌碌数十年，到底为了什么？如果说是为了衣、食、住、行的生活问题，那么只需有了金钱就能解决；但是难道除了物质以外，我们就一无所有了吗？事实上不然，除了物质生活以外，我们更需要有超越物质的精神生活，也就是说，我们不但要注重身体，更要注重心灵。唯有心灵的觉悟与提升，才可能令生命变得更有价值与意义。

然生命的价值与意义何在？

从前，印度憍萨罗国有一位国王，名叫波斯匿王。一天，波斯匿王出巡，在路上遇见一个老公公，白发苍苍，看来年纪已经很老了。国王问他道："老公公，你今年多大了？"老公公不假思索地回答道："四岁。"波斯匿王听了觉得很惊奇，几乎不相信自己的耳朵，于是再伸出自己的右手，竖起四只手指向老公公问道："你真的才四岁吗？"老公公点点头，非常肯定地说道："不错，我今年的确才四岁。"老公公知道国王一定感到疑惑，于是再向他解释道："以前我不懂佛法，活了几十年，思想、行为都被内心的烦恼控制着，做了很多自己以为对而实在是不对的事；四年前有个机会，我听闻到佛法，才开始认识了人生，皈依了佛教，实行佛陀所指示的道理，依佛法去生活，去净化人生，最近这四年来，才算是真正的做人，所以我今年才四岁。"国王听了老公公这一番话，非常感动，点头称赞道："老公公你说得真的没错啊！一个人要能够学习佛法，依循佛法去做人，才算是真正的做人。"

佛法就是教我们认识宇宙世间事物的真相：这个世界是如何形成的？人生的真相是什么？生从何处来？死往何处去？

一切事物真正的本质到底为何？我们有没有认真思考过？

我们都知道，世间所有事物的生成，都离不开因缘、条件的组合，所谓"缘聚即生，缘散即灭"，其中哪有永恒不变的实体？所以，以佛法来说这就是"空"，也就是"缘起性空"。正如《中论·四谛品》中所云："未曾有一法，不从因缘生，是故一切法，无不是空者。"既然现象界的一切都是空的、无常的，那么，我们就不应该沉迷它、追逐它，而应该将向外追求的眼光、心思逆转，返回到内在自心、自性的寻求上。这个时候，我们就算是开始学佛、做人了。

所以说，学佛的最大利益，就是认识宇宙人生的真理，从而远离迷惑、贪爱与执著，立定人生的理想与目标，透过不懈的努力与实践，最终获得身心的解脱与自在。

二、净化人生　开拓自我

现代科技文明，工商业发达，工厂到处设立，加上各种燃煤发电和车辆交通污染等问题，造成了严重的空气污染，极大影响人类身体的健康，这是社会人士有目共睹、且必须高度关注的事实。但是，人类内心的烦恼污染，虽然时时刻刻无形地、严重地影响人类心灵的清净，可是却很少人特别关心或警觉。所以佛法就是教我们要懂得观心、摄心与修心。我们的心像猿猴，又像盗贼，我们不可以任由它在外面胡作妄为。正如明朝理学家王阳明先生所说："擒山中之贼易，擒心中之贼难。"山寨里的土匪容易落网，而心中的强盗却很难抓捕。烦恼被形容为贼，这正说明烦恼之祸害。其实，我们的心灵所以不能安宁，就是烦恼在扰乱、在作祟；我们的行为所以违背真理，也是烦恼在驱使、在鞭策。古德说："所谓一切法，为治一切心；若无一切心，何须一切法？"所以我们要懂得观察自己的心，要有方法来收摄它，不要让它任性地往外奔驰。

其次，我们要懂得修心。譬如用具坏了，把它修理一下就可以再用；衣服破了，把它缝补一下就可以再穿；房子漏水，修理一下就不会再漏水。我们的心迷惑了、污染了，心中充满贪欲、瞋恨、愚痴、骄傲，我们也应该把它修正一下。

正如佛在《大般涅槃经》中告诉我们，"有烦恼时无智慧，

我们要懂得观察自己的心，要有方法来收摄它，
不要让它任性地往外奔驰。

有智慧时无烦恼"。既然我们明白到，现实人生充满着种种烦恼、痛苦及不理想、不圆满，那么，我们就应该努力去改造它、净化它。也就是说，我们想要化解烦恼，就要运用佛法来净化心灵；烦恼消除了，智慧自然就会出现。如果说烦恼是黑暗，智慧就是明灯，当明灯照破黑暗时，黑暗自然就会消失，所谓"千年暗室，一灯即破"，其实，黑暗原本就不存在，只因为没有明灯，所以才会黑暗。同样地，烦恼本来是不存在的，只因为没有智慧，才会产生种种的执著、冲突、矛盾和挣扎。我们学佛，就是用佛陀的法水，来洗涤内心的垢秽，开拓智慧；当我们内心的烦恼垢秽清除了，智慧开启了，那么，我们染污的、缺陷的、痛苦的、不理想的人生，就可以转变成为清净的、圆满的、理想的、快乐的人生了。

三、庄严人生　升华人格

"庄严"这两个字，在佛经中常常可以看到，如"法相庄严"、"妙相庄严"、"庄严殊胜"、"庄严国土，利乐有情"等等。"庄严"在佛教里面有着令人赞叹、敬仰的意义，以佛法来说，人不但要庄严自己，还要庄严世界。而庄严自己和世界的途径，不外修福、修慧，也就是福慧双修，不但自己清净，也要令整个社会变得清净，进而成就和谐世界、人间净土。

学佛首先就是从自身、自心的庄严做起，也就是说从庄严人生、美化人生开始。一般来说，美可分为形相美和内在美，形相美属于外表，内在美则指人的德性。单有外表的形相美，而没有内在的德性，这样仍然是有缺陷，不完美的。所以，人生除了有外表的形相美之外，必须充实内在的德性美。内外俱美，才可以称为庄严的人生。而庄严的人生，才是快乐、幸福、完美的人生。

佛教是一种道德的、实践的宗教。因此佛弟子或学佛的人，必须实践佛陀所指示的五戒、十善、四摄、六度等道德行为，来培养与充实内心的德性，以庄严人生。

从前，印度有个大慈善家，娶了一个非常美丽的玉耶女做媳妇；媳妇自恃姿容秀丽，瞧不起公婆和家里其它的人。

由于玉耶女太骄纵放恣了，一天，慈善家便请佛陀到家里来希望教导一下她。玉耶女知道了，于是故意避开，后来，抵不住好奇心的驱使，从门缝里偷看佛陀。她看到佛的庄严德相，实在比自己更美！于是自动出来，向佛陀恭敬行礼。

佛陀说："玉耶，你有着佼美的容貌，如果配上端正的心行，那就更好了。要知道，佼美的容貌，只是外表美，而端正的心行，才是内在美。真正的美人，必须内外俱美！"

玉耶听了佛的开示，心中的骄慢马上就清除了，并且皈依了佛陀。佛陀教她实行五戒、十善等美善的行为，以充实她内心的德性美，她依教奉行，立志做一个内外俱美的真正美人。

由此可见，佛法是指导人生、激励人生、鼓舞人生的；学佛除了可以认识人生、净化人生和庄严人生以外，还可以把缺陷的人生，改造为美满的人生；从迷梦的人生，转化为觉悟的人生；由生死的人生，进化为解脱的人生；由凡情的人生、升华为圣智的人生。总而言之，学佛的好处，是说不尽的。

在所有的宗教里面，最重视的就是人格的完成，也就是成圣、成贤乃至成佛、成菩萨。所以，如果我们明白了佛法的好处与利益之后，首先就要从培养自我人格着手，继而将自心提升扩大，从小我到大我再到无我——恒怀"自觉觉他"、"自利利他"的悲情，助己助人享受法乐，常行精进，这就是道德圆满的喜悦人生。

佛法乃教世之光

我们可曾有过这样的疑惑："人生是为何而来？生命的价值是什么？生活的目的又在哪里呢？"

现今社会物欲横流，道德衰退，价值迷失，人心惶惑，生活在这个时代的青年们，如果没有正确的人生观、没有正确的奋斗方向，谁能不愤世嫉俗？谁能不消极悲观呢？

佛教告诉我们，快乐不在外界，其实幸福就在自我心中。佛教教我们首先将自己散乱、狂妄、烦躁、不安的心安静下来，然后反省自己、观照自己、认识自己、磨炼自己。当我们认识了自己、明白了自己，就不会被外境所迷惑，就不会盲目地随境所转。就能锻炼出坚强的意志，就会有充沛的勇气去面对一切挫折与困难，乃至最终启发内在的光明与智慧，以完成伟大的人格和事业。

三千多年前，佛陀降生世间，示现修行、成道，其说法的原因，目的就在于令愚迷的众生破迷开悟，离苦得乐。我们确信佛陀的遗教，对于今日的世道人心，有补偏救弊，对症下药之效。它提出的药方是：人人要少欲知足，平心静虑，唯有通过静思熟虑，才能看清楚烦恼的来源及本质，一切苦恼才会熄灭。因此，佛法是黑暗中的明灯，苦海里的慈航。

佛陀说法四十九年，讲经三百余会（次），无非是为我们指出一条"成佛之道"。但这一条路必须要每个人凭着自己的毅力、智慧、恒心去走完。所以佛陀说："工作必须你们自己去做，因为我只教你们该走的路。"

佛陀是谁？

佛陀，姓乔答摩，名悉达多，公元前六世纪生于北印度。父亲净饭王，是迦毗罗卫国（即释迦国，今尼泊尔境内）的君主，母后是摩耶夫人。根据当时的习俗，悉达多太子在很年轻——十六岁的时候，就和美丽而忠诚的公主耶输陀罗结了婚。年轻的太子在皇宫里享受着随心所欲的奢华生活，可是心中却郁郁不乐，于是他便出游四门，看到人生生、老、病、死和种种痛苦的真相，就下定决心要寻找一种解脱人类痛苦的方法。

在二十九岁那年，他的独生子罗睺罗刚出生不久，他就毅然离开了皇宫，舍弃了即将可以继承的王位，成为一位苦行者，以寻求他的答案。

他在恒河流域一带行脚六年，参访了不同宗派的名师，研习他们的理论与方法，修炼最严格的苦行，每天只食一麻一麦，以致消瘦得皮骨相连，可是仍然无法开悟。于是他放弃了苦行，独自来到尼连禅河边，并接受了牧羊女供养的乳糜，身体及精神得到了恢复。

他续继往南行，一天晚上，在菩提伽耶一棵毕钵罗树下证得了正觉，正确而透彻地觉悟了宇宙人生的根本道理。

从此人们就称他为"佛陀"。意即：真理的觉醒。或简称为：觉者。

以上介绍佛陀修行的经过，目的就是告诉大家，佛陀和我们一样都是平凡的人，他能够通过修行而悟道，所谓"有为者亦若是"，我们每一个人都能做得到。

他只是人类无数的先知先觉之一，而我们是后知后觉者。佛陀与我们的不同，不是在人格上、地位上的不同，只是在迷、悟上的不同——佛陀是已"觉悟"，我们是未觉悟。

证悟后的佛陀，就成为佛教的教主——释迦牟尼佛。

佛教的根本精神与教化方式

一、佛法是平等与慈悲的

1.人在宇宙中是顶天立地的。

佛陀来到人间的第一句话就说："天上天下，唯我独尊。"这里我们必须特别注意的是："唯我独尊"的"我"字，并不是单指的佛陀自身，而是指的全体人类的每一个人。

因此，这句话的正确解释应该是：人在宇宙中是顶天立地的，每一个人都是自己的主宰，决定着自己的命运，而不必听命于任何人或超越的神。

佛陀认为一个人的成败得失、吉凶祸福，完全决定在自己的行为善恶与努力与否，没有任何一种外在的力量可以令我们上升天堂，或坠落地狱。人必须脚踏实地去修行，才能得到成功证果的收获。世间没有不需经过努力、从天而降的幸福。一分耕耘，一分收获。这是必然的因果道理。

2.佛不是独一无二的，人人皆可成佛。

其实，我们每一个人都有佛性——成佛的可能性。佛与众生，只是"觉"与迷的分别。因此，"佛"只是对一个觉悟者的通称，就像我们称能够"传道、授业、解惑"的人为"老师"一样。老师不只一位，人人都可以做老师，处处可以有老师。同样的道理，佛不是单指释迦牟尼一人，人人可以成佛，处处可以有佛，不只这个世界有佛，宇宙中无数个星球上都有佛。

这一点就是佛教与他教根本不同的地方，其它的宗教只能承认他们的神是"独一无二"的、是"真神"，而极力否定、排斥、攻击他教的神为"假神"。

他们认为神是造物者，而人只不过是神所造的"物"之一而已，所以在这种教义之下，人类无论如何努力奋斗，亦永远不能与神并驾齐驱，同处于平等的地位——人与神永远是主仆的关系。

3.佛陀是真正的平等者。

佛陀时代的印度，社会分成婆罗门、贵族、平民、奴隶等四大阶级。而贵为太子的佛陀眼见社会阶级的不合理，愿意"降低"自己的身份，毅然树起平等的旗帜，主张废除阶级对立，倡言众生平等。这种大公无私的作风，堪称是真正的平等者。

以佛法来说，

宇宙间的一切都是同体共生、骨肉相连、休戚与共的。

同时佛教又主张"无缘大慈"与"同体大悲",把平等的意义推往更上一层的境地。

(一)无缘大慈:不但要对自己的父母、亲人,或与自己有关系的人如同事、朋友要慈爱;同时更要对与自己没有亲戚、朋友关系的人慈爱,就连与我从未交往或素不相识的人,也一样地关怀爱护。

"无缘大慈"用儒家的话来说就是:"老吾老以及人之老;幼吾幼以及人之幼。"也就是《礼运·大同篇》所说的"不独亲其亲,子其子"的意思。

(二)同体大悲:以佛法来说,宇宙间的一切都是同体共生、骨肉相连、休戚与共的。所以,"同体大悲"其实就是一种人饥己饥、人溺己溺的精神;正如儒家所说的:"四海之内皆兄弟也。"又说:"海内存知己,天涯若比邻。"所表现的,即是"同体大悲"的胸襟。而地藏菩萨"我不入地狱,谁入地狱?"的悲心宏愿,更是同体大悲的极致。

古人说:"天有好生之德。"又说:"万物与我并生。"都是一种视万物为一体的平等思想,与佛教的精神是相通的。佛教的平等慈悲,不仅局限于万物之灵的人类,而是普及于一切生灵,因此提倡戒杀、放生,反对除人类以外的一切动物都是被创造来给人类享受口腹的论调。正如孟子所说："见其生不忍见其死，闻其声不忍食其肉。"佛教指出，由于一切众生皆有佛性，将来都有机会成佛。纵使人与其它动物之间，在形体上、智能上有所差别，但在求生存的权利上，在佛性上都是平等的。所以，佛教进一步强调惜生、护生。这就是"同体大悲"的人间体现。

二、佛法是因地制宜因材施教的。

佛法是因材施教、因地制宜的。佛对众生说法，都是针对不同的根机，随着时空的不同而设教。佛因为教化的对象不同，就有不同的说法方式。例如：对于智慧高的人，佛就告诉他们直指人心，明心见性，当下即悟的道理；对于智慧稍低的人，佛就告诉他循序渐进，按部就班地去修行。

又如：对于热衷名利的人，佛就告诉他"名利皆空"的道理；而对于消极悲观，认为人生毫无意义的人，佛就告诉他"人身难得，佛法难闻"，生命是宝贵的，人可以通过努力以获得幸福和快乐"，来鼓舞他的勇气和信心。

同样的道理，由于时空的不同，佛就有不同的比喻和说明。佛法有三藏十二部，八万四千个法门（"法门"就是修行的方法）。这些修行的方法都是为适应众生的根器，为对治众生的烦恼而创设的。如果没有众生也就不需要有佛法了。佛法如

"药"，众生没有烦恼的"病"，药就不需要了。

佛法传世已二千五百多年，能适应不同的时代，不同的众生，就是它能够因材施教，因地制宜所致。而这种教育方法，正是佛教的特色之一。

三、佛法是入世的。

佛教与其它宗教一样，都是导人向善，它所讲的道理，虽然最终的目的是"出世"的，但它和"入世"的精神并不抵触。所谓"出世"并不是脱离、逃避世间，而是净化这个世界，改造这个世界，重建这个世界。

正如《六祖坛经》所说："佛法在世间，不离世间觉，离世求菩提，恰如觅兔角。"说明了佛法重在人间，修行要在人间，觉悟也要在人间。一个有心向道的人，他不可能厌弃这个世界，逃避这世界而"独善其身"地修成佛道。因为一个人要想成佛，除了要具备聪明智能之外，还要有广大的誓愿悲心去普渡众生。必须要"悲"和"智"交互运用，相辅相成，做到彻底、圆满的境地才能成佛。所以说，佛教是以出世的精神来做入世的事业，从发心修行之初一直到成佛。

近代的太虚大师更提出了"人生佛教"思想，其内涵正是主要体现在对"人生"的关注上，超越了传统佛教思想只重视"出世"的思想，而更加重视佛教"入世"的精神。他曾有一首著名的偈颂说："仰止唯佛陀，完成在人格；人成即佛成，是名真现实。"在这首偈颂中，非常明确地表达出对"人格"以及人生价值的重视，把做人的标准提升到成佛的标准上。因此，"人生佛教"的内涵总括地说就是——人成即佛成。

其后，经过了将近半个多世纪的发展，由太虚大师首倡的"人生佛教"，已逐渐演化为"人间佛教"；已故中国佛教协会原会长赵朴初老居士，提出把"人间佛教"思想作为中国佛教协会的指导方针——将"人间佛教"思想的基本内容，概括为五戒十善、四摄六度，并且发展成为关怀社会、净化社会的理念。

四、佛教是积极乐观的。

一般人对佛教可能总是会有一种误解，就是：佛教太悲观了、太消极了。之所以会有这样的误解，其原因大概有以下几点：

佛教正面指出：人生的本质是苦的，因为人有生、老、病、死等"四苦"，再加上怨憎会、求不得、爱别离、五阴炽盛而成为"八苦"，更有无量诸苦。又说："人生无常，一切皆空"。认为世间的万事万物，都是因缘和合的假有，都是瞬息变幻的、短暂的、不牢固的，所谓名、利、权、位都是虚幻的，因此劝人不要贪恋，不要"执著"，而且要看开、放下。

佛教更认为"多欲为苦"，欲望太多，往往是痛苦和烦恼的根源，因此劝人要知足、要减少自己的欲望。但是，千万要记住，佛并没有要我们"绝欲"，而只是说"少欲知足"。过分地节省，以致伤害自己的身体，是为佛所反对的。他自己在29岁出家以后，就曾经依照当时外道的苦行方法，盲修瞎炼，每天只吃一颗米，一粒麻，最后令到身体骨瘦如柴，体力不支，却无法真正觉悟。最后，佛终于明白到虐待自己的身体，并不是达到解脱之道的方法。身体虽然不是真实的，而且总会有死亡的一天，但修行却不得不利用这个身体，身体不康健，就不能好好地思考、反省，更不能修禅、习定。

所以，佛陀提出的"少欲知足"，其实就是一种"中庸之道"。在《四十二章经》第三十四章有这么一段记载：

佛陀问一个未出家前喜爱弹琴的弟子说："琴的弦如果太松，能拉得出声音吗？"

"不能。"

"如果弦调得太紧呢？"

"弦会断了。"

"如果弦调得恰到好处呢？"

"就可以拉出各种美妙的乐音了！"

由此可见，佛教的"少欲知足"乃是达到幸福快乐的"中道"主义。佛教又怎么可能是消极悲观的呢?

佛教的教义帮助我们了解人生无常、生命短暂的道理，目的是教人不可浑浑噩噩，不要等闲白了少年头，这样人们才会爱惜光阴，努力去做一番有益世道人心、自利利他的工作。这样的生命才是有意义的生命、有价值的生命。

佛教的社会功能与利益

佛教可以净化社会人心。

上面说了这么多，可能有人会问：佛教对社会、人生到底有什么具体的好处、有什么实际的帮助呢?

我们每天打开报纸，看到一些令人触目惊心的"杀、盗、淫、妄"的新闻，我们会不会害怕、会不会担忧呢? 会不会慨叹：人类竟然堕落到如此地步?

而一个佛教徒，最少要严守下列五种基本戒律：

一、不杀生——不残害生灵。

二、不偷盗——不偷、不抢别人的财物。

三、不邪淫——正当的男女关系。不拈花惹草，不红杏出墙。

四、不妄语——说话句句真实，不虚伪、不说谎。

五、不饮酒——酒能乱性，使人失去理智，因此必须戒绝。（酒在当药用医病时，暂可通容。）

大家是否有注意到，这五戒刚好与儒家所提倡的仁（不杀生）、义（不偷盗）、礼（不邪淫）、智（不饮酒）、信（不妄语）不谋而合。

严守五戒是做人的根本，违犯五戒在社会上就不能立足，同时为国法所不容，最后只有饱尝铁窗滋味。而佛教更认为将来如要想再做"人"，就要非守五戒不可，违反五戒，下世就不能再得人身，而且将堕入地狱、畜生、饿鬼等三恶道了。（这三类众生的报应都是痛苦不堪的，因此称为恶道。）

我们暂且不管下世如何，因为对于很多人来说实在是太遥远了，单看目前就够了：人能不杀生、社会上就没有杀人命案；能不偷盗，就没有小偷、强盗；能不邪淫，就不会有男盗女娼，破坏家庭伦理的事；能不妄语也就不会有欺、诈、骗等事；能不饮酒，则身心愉快，头脑清晰，不会因一时糊涂而闯祸。

如此，这个社会不就是宁静、安乐的吗？因此我们说佛教有净化社会人心的功用。

结语

以下为大家说一个"五百盲人看见佛陀"的故事，作为总结：

古印度毗舍离国有五百个盲人，他们因为看不见，做不了任何工作，只能各自乞讨度日，受尽人们的歧视。

这时，悉达多太子修行成佛了。佛陀出现于世的消息传到这五百位盲人的耳里，他们心里再也不能平静了。因为凡是见到佛陀的人，所有病痛折磨都能一扫而光，所有的痛苦都能化解，一切忧愁、烦恼都能解脱。于是，这五百盲人一起商量说：

"我们多么需要见到佛陀啊！只要见到佛陀，我们就能见到光明了！"

一个带头的盲人说："对！我们应该去见佛陀，而不是等在这里让佛陀来见我们，大家说是吗？"

"可是我们要怎样去呢？我们根本看不见路呀！"几个盲人无奈地说。

那带头的盲人说："如果大家真的要去见佛陀，就必须请人带路。这样吧！我们每人想办法去讨钱，凑足五百个金钱就请人带我们去。"

于是大家分头去讨钱。经过好些日子，吃了不少苦头，这五百盲人才凑足五百枚金钱，请到一个人来为他们带路。带路的人走在最前面，其它人一人拉住一人的衣服，排成一行，长长的队伍蜿蜒曲折，非常壮观。

他们往佛陀所在的舍卫国出发，一路历经种种艰辛，但越走心中越亮，脚下似乎也轻松了。可是在快走到摩竭国的时候，要经过一片山泽，那领路的人见道路艰难，便找借口溜了。盲人们等呀等，始终不见那领路人再回来。众盲人惊慌地说：

"大家的心血都白费了，那个坏蛋把我们的钱拿走了又不管我们，现在怎么办好呢？"

正当大家六神无主，进退不得的时候，那个带头的盲人听到前面有水声，便让大家手牵手往那方向摸去。走着走着，突然他们听到一阵怒骂："你们这些畜牲，瞎眼了吗？把老子种的幼苗都踩死了！"

"哎哟！实在对不起，我们是真的看不见啊！要是看得见也不会犯这种错了。好心人啊！求您大发慈悲，指给我们一条去舍卫国的路吧！我们的钱已经被骗走了，只有等以后再来赔您的秧苗，我们绝不会食言！"

田主觉得这五百个瞎子也确实可怜，长叹一声说：

"算了！你们跟我来吧！我找人带你们到舍卫国去就是了。"

"今天可遇到大好人了！"盲人们又惊又喜，连忙道谢不已。

田主派人带盲人们前往舍卫国，来到了舍卫城中的一个精舍里，盲人们高兴极了，没想到精舍的住持说：

"你们来迟了，佛陀已经回到摩竭国去了。"

盲人们大失所望，便又折往摩竭国。一路上吃苦受累，好不容易到了摩竭国，谁知佛陀又回到舍卫国去了。

盲人们虽然已经劳累不堪，但他们坚信能见到佛陀，于是又回头向舍卫国出发。他们下定决心，不见到佛陀绝不罢休。可惜的是，这次到舍卫国仍未见到佛陀。

"佛陀去了摩竭国。"精舍的住持同情地说，盲人们只好又回摩竭国去。

当这些盲人共走了七个来回的时候，佛陀见他们的善根已经成熟，便在舍卫国自己的精舍中等候他们。

佛陀的慈光闪耀，照得盲人们两眼放光，他们终于见到向往已久的佛陀了。

"救苦救难的佛陀啊！请赐我们光明，让我们一睹像天光般的佛陀啊！"五百盲人纷纷跪下，五体投地，顶礼感恩。

佛陀看他们这么虔诚，便对他们说：

"你们这样虔诚，以坚定的信心长途跋涉，我答应让你们重见光明。"

"谢谢佛陀的慈悲！"奇迹般地，五百盲人当下就重见天日了！多么的不可思议啊！全都跪在地上感恩的说："感谢佛德无量！愿佛陀为我们授戒，让我们永远做佛的弟子！"

佛说："好的！我的徒弟们！"

于是五百人成了佛陀的弟子，尽心修行，最后都成为阿罗汉。

因此，我们说："佛法乃教世之光！"

集诸吉祥　长寿健康

——浅说佛教放生的起源与功德

众所周知，佛教提倡放生，然其起源及依据，很多人不一定知道。佛教放生，实源于最为佛教徒所熟悉的两部经典。一是《梵网菩萨戒经》，其中提到："若佛子以慈心故行放生业，一切男子是我父，一切女人是我母，我生生无不从之受生。是故六道众生皆我父母，而杀而食者即杀我父母亦杀我故身。一切地水，是我先身，一切火风，是我本体，故常行放生，生生受生。若世人见杀畜牲时，应方便救护解其苦难，常教化讲说菩萨戒，救度众生。"

另一部《金光明经》卷四〈流水长者子品〉，也提到有关释迦世尊往昔行菩萨道的一段记载：当时世尊名叫流水长者子，有一天他经过一个很大的池沼，时逢天旱，而且有人为了捕鱼，把上游悬崖处的水源堵塞，使得池中水位急速下降。长者子眼见上万大小鱼类濒临死亡边缘，又无法从其上游决堤引水，于是为了救活鱼群，不得已向当时国王请求派二十只大象，用皮囊盛水运到池中，直到池水满足，并且饲以食料，方才救活这些鱼群。

可以说，《梵网戒经》是放生的理论依据，《金光明经》则是开设放生池的依据。

其它大乘经典如《六度集经》卷三，有赎鳖的放生记载。而在玄奘三藏《大唐西域记》卷九中，也讲到雁塔的故事。如传说在中印度摩揭陀国有一个小乘的寺院，住着若干小乘比丘，他们本来不禁三种净肉。所谓三种净肉，是指不见为己杀、不闻为己杀、不疑为己杀的肉类。如《十诵律三十七》所言："我听噉三种净肉。何等三？不见不闻不疑。不见者，不自眼见为我故杀是畜生。不闻者，不从可信人闻为汝故杀是畜生。不疑者，此中有屠儿，此人慈心不能夺畜生命。"

有一天，一位比丘没有得到肉，正好有一群雁从天空飞过，他就向雁群祷告说："今日有僧缺供，大菩萨你应该知道时间了。"雁群应声自动堕地而死。比丘本来不信大乘，不相信雁是菩萨，所以用戏言来调侃大乘，想不到那一群雁就是菩萨显现而来感化他们的。小乘比丘惭愧不已，互相传告："这是菩萨，何人敢吃？从今以后，应依大乘，不再食三种净肉。"并且建塔营葬雁体。

所以《楞伽》《楞严》《涅槃》等诸大乘经一律严禁食肉。如《涅槃经》四曰："迦叶菩萨复白佛言：世尊！云何如来不听食肉？善男子！夫食肉者断大悲种。迦叶又言：如来何故先听比丘食三种净肉？迦叶！是三种净肉随事渐制。"

可见，放生是从戒杀而衍生的，也可以说，戒杀的进一步必定是放生。而且放生是与戒杀念佛之行仪紧密相连的。戒杀是五戒、十戒等之第一戒，向来为佛教徒所严守。南朝齐、梁之际，佛教徒即依据《楞伽阿跋多罗宝经》卷四中"不应食肉"之语而行断肉。

然戒杀仅是止恶，是消极的善行，放生救生才是积极的善行。如果仅仅止恶而不行善，不是大乘佛法的精神。因此从北齐萧梁以来，便提倡断肉食、不杀生。且放生的风气也从此渐渐展开，从朝廷以至民间，由僧众而至俗人，都以素食为尚。而历代政府为了表示推行仁政，年有数日也定期禁屠；而从中央以至地方，或者为了祈雨禳灾，也都有放生禁屠之举。如梁武帝就曾下诏禁止杀生，又废止宗庙供献牺牲之制；梁代慧集比丘，自燃两臂游历诸州，以乞化所得赎生放生；隋天台智顗大师发起开筑放生池，为被放的鱼类讲《金光明经》和《法华经》，又购买各类粮食饲予鱼鳖；陈宣帝时，敕国子祭酒徐孝克撰写《天台山修禅寺智顗禅师放生碑文》，这是中国有放生池及放生会记载的开始。此后由唐至宋及明，无不盛行放生。如唐肃宗时，刺史颜真卿撰有《天下放生池碑铭并序》。宋朝的遵式及知礼两位大师，也极力提倡放生。

莲宗八祖莲池大师云栖袾宏是历代高僧之中提倡放生最积极的一位。他在《竹窗随笔》中有〈如来不救杀业〉、〈食肉〉、〈斋素〉等文；又在《竹窗二笔》中，写有〈衣帛食肉〉、〈戒杀延寿〉、〈放生池〉、〈医戒杀生〉、〈因病食肉〉等篇；在《竹窗三笔》中，也有〈杀生人世大恶〉、〈杀生非人所为〉、〈人不宜食众生肉〉等文，鼓励戒杀放生。除了素食的文字之外，他也写了〈放生仪〉及〈戒杀放生文〉，以备大众于放生时，对所用仪式有所依准。

在现代人中，有弘一大师书、丰子恺画的《护生画集》计六册；另有一位蔡念生运辰居士，一生提倡戒杀放生，他编集了历代有关动物也有灵性和感应的故事成为一书，名为《物犹如此》。

以上所举之书，为佛弟子者，皆应多加参考及阅读，自然会对放生的意义有更深入的了解，确实有助于学佛修行，从而真正做到自他两利。

《大智度论》云："诸余罪中，杀业最重，诸功德中，放生第一。"

历史上因放生而修福的典故数不胜数，我们可以略举一二。一个小和尚因业力感报寿命只剩下七天的时间，然而当他在回家的途中只因救了小小的蝼蚁，而获得延寿的机会。有一个富翁生一痴呆儿子，富翁感到烦恼。有一天有一道士来化缘，手摸着他儿子的头说：他生有这样好的相貌，只可惜杀业太重了，才使他不能够开通智慧。富翁听了之后有所感悟，从此活物不送入厨房。后来又有一日，路上见一乞丐提着一条花蛇，但是自己身上没有带钱，他就劝市上一个开店的老板，买了那条蛇放生，回来后晚上作了一个梦，梦见一个穿花衣服的人来向他道谢，其后他的儿子，吐了很多黑水，病愈变得非常的聪明，考试连连高中。

明朝的吴文英平生好劝人放生为善，日久了别人都厌烦他。朋友经常讥笑他说："你劝人为善；究竟善在于别人，又不在于你，何苦令人如此生厌？"后来听雪禅师告之曰："我闻经中说一人劝一人，作福两平分。"于是吴文英毫不退减，劝人放生更加卖力，终其一生，没有灾厄坎坷之忧。

明朝末年，四川读书人刘道贞家里来客，想杀一只鸡，忽然不见了，客人坐了很长时间，想去杀一只鸭，忽然又不见了。一寻找，看见鸡、鸭一起躲藏在暗处，鸭用头推鸡出，鸡用头推鸭出，相持不下，默不作声。刘很受触动，就写了一篇戒杀文劝世。辛酉七月，他的朋友梦见到文昌殿，帝君揭开一张纸给他看说："这是刘生的戒杀文，他已考中了。"醒来后告诉刘，刘不相信。榜发以后，果然应验了朋友所说的话。（见《护生篇》）

由此可见，放生功德实在不可思议。据莲宗十三祖印光大师所说，放生具十大功德：

（一）无刀兵劫。世上刀兵大劫，皆由人心好杀所致。人人戒杀放生，则人人全其慈悲爱物之心，而刀兵劫运，亦自消灭于无形。

（二）集诸吉祥。吾人一发慈悲之心，则喜气集于其身，此感应必然之理。

（三）长寿健康。佛经云：戒杀放生之人，得二种福报。一者长寿。二者多福多寿无病。

（四）多子宜男。放生者善体天地好生之心，故获宜男之庆。

（五）诸佛欢喜。一切生物，佛皆视之如子，救一物命，即是救佛一子，诸佛皆大欢喜。

（六）物类感恩。所救生物临死得活，皆大欢喜，感恩思德，永为万劫图报之缘。

（七）无诸灾难。慈悲之人，福德日增，一切患难，皆无形消灭。

（八）得生天上。戒杀放生者，来世得生于四王天，享无边之福。若兼修净土者，直可往生于西方极乐国土，其功德实无量也。

（九）诸恶消灭，四季安宁。现在为人生极危险时代，盖烟酒之癖，恋爱之魔，缠绕众人。如众生报恩，则诸恶消灭，四季安宁。

（十）代代相传，永远福寿。动物由下级进于高阶之状态，与人类由野蛮进于文明之阶级相符合。据生物学家之言曰：凡生物皆应于外界之状态而生变化。如人人戒杀放生，则生生不息，善心相感，正似子孙代代相传，永远福寿。

学佛最重要的就是实践。而放生是以真实的行动去培养慈悲，去解救生命，去体会众生平等一如，吃素只是止恶，而放生却是积极发扬善道精神，是造福有情、自利利他的行为。放生活动乃基于众生平等的慈悲精神，所谓"下功断缘戒杀，中功断缘兼素，上功断缘放生"；若能戒杀、放生并且茹素，自然是功德倍增，身心自在，福报随来。因此懂得这个道理后，我们不但自己要继续放生，还要努力劝勉他人去放生，这样才能与佛相应、与法相应，与众生相应。

放生是以真实的行动去培养慈悲，
去解救生命，去体会众生平等一如。

清净微妙　出污泥而不染
——莲花在佛教中的意义

　　莲花，"中通外直，不蔓不枝，香远益清，亭亭净植"，在诗人的眼里有着高雅的君子品质，"唯有绿荷红菡萏，舒展开合任天真"；据佛经上说，人间的莲花不出数十瓣，天上的莲花不出数百瓣，而净土的莲花则千瓣以上。由于莲花生长于污泥，绽开于水面，有出污泥而不染之涵义，喻意由烦恼而至清净；亦以之形容如来德性的清净微妙，如《中阿含经》卷二十三《青白莲华喻经》中，以莲花生于水中而不着于水来比喻如来出现于世间而不着世间："犹如青莲花、红赤白莲花，水生水长，出水上不着水，如是如来世间生世间长，出世间行不着世间法。"

　　因此莲花，可以说是佛教的象征，经中常以之来譬喻：

如《分别功德论》卷四中，佛陀告诉阿难："如我今日，皮身清净无过于我，犹如莲花不着泥水。"在《中阿含经》卷三十五中，形容佛陀："如诸水花中，青莲花第一。"又《文殊师利净律经·道门品》中说："人心本净，纵处秽浊，则无瑕疵，犹如日明不与冥合，亦如莲花不为泥尘之所玷污。"

而经中更以白莲花的稀有来比喻佛陀出世的难值难遇。如《福盖正行所集经》卷二中说，世尊如白莲花，堪能运载一切众生。……是时世尊，舒金色手，如莲花开。又说如来出世，难得值遇，如优昙钵罗花。

此外，也有以莲花为经名，来比喻法门清净、无染、庄严，如《妙法莲华经》、《悲华经》。而《华严经》、《梵网经》等经中，更有"莲华藏世界"之说。

密教也以八叶莲花为胎藏界曼荼罗的中台；以莲花表示众生本有之心莲。密教胎藏界三部是指佛部、莲华部、金刚部。"莲华部"略称"莲部"，代表众生本具清净之菩提心，又表示如来大悲三昧之德。众生本存自性清净之心，虽然在六道四生、迷妄无明界等生死污泥中流转，但其本有之清净菩提心仍然不被染垢，就如同莲花之出污泥而不染，所以称为莲华部。

而莲花除了莲瓣，还有莲蓬、莲子，莲叶可欣赏。莲子除了可食用外，又可继续生长，栽培出更多的莲花。莲花开放于炎热夏季的水中，炎热表示苦恼，水表示清凉，也就是在苦恼的人间，带来清凉的境界。而《摄大乘论释》卷十五中，则以莲花的香、净、柔软、可爱四种特德，比喻法界真如的常、乐、我、净四德。这些都是莲花所表征的美德。

以莲花比喻佛陀妙德

由于莲花富有深刻的意涵，而且具备种种清净、柔软的特性，可以说是世界上最美妙的花，所以经典中几乎处处都可以见到以莲花来比喻佛陀的相好，与诸佛菩萨的种种妙德。

如《佛说萍沙王五愿经》中就以珍贵的千叶金色莲花来比喻佛陀。

当时王舍城的国王萍沙王，是一位非常虔诚的佛弟子，对佛陀无比的尊崇与敬仰，所以常发五种愿望：一者愿我年少为王，二者令我国中有佛，三者使我出入常往来佛所，四者常听佛说经，五者闻经心疾开解，得须陀洹道。

由于萍沙王非常真心诚意，后来这五种愿望都实现了。有一天，好友邻国的弗迦沙王送了一朵千叶的金色莲花给他，他就回了一封信说："如果你是要送我奇珍异宝，那就不用劳烦了，因我国中金银珍宝甚多，不用再作增添，现今我国中出生了一株珍贵的人花，号为佛陀，身紫磨金色，具有三十二种相好。"

佛陀的"相好光明"本来是世间任何事物都无法比拟的，唯有清净的莲花可作譬喻，故经典中常以莲花来形容，如《金光明最胜王经》卷一、《大智度论》卷一中，描写佛身微妙真金色，其光普照似金山，清净柔软如莲花。

其它经典中，亦常以莲花来比喻如来的三十二种相好，如：《金光明最胜王经》卷四中说，如来的舌相广长极柔软，譬如红莲出水中，而《华严随流演义钞》卷四十九中说，世尊手足圆满如意，软净光泽色如莲花。而在《大宝积经》卷一百零九中则说，如来世尊面貌容色，就如同清晨开敷的莲花，端严美好，光明显耀，微笑熙怡。

此外，亦常以青莲花花瓣的形状及颜色，来比喻佛眼，如《福盖正行所集经》卷一中说：佛陀目如广大青莲花叶，眉间毫相如秋满月。

莲花柔润的特性，又是"和平"的象征，所以在古代印度的时候，两国国王互赠莲花，就是表示和平相交，善意友好；如《大智度论》卷十中说明诸佛平等，但互以莲花供养亦是随顺此意："问曰：'诸佛力等，更不求信，何故以花为信？'答曰：

莲花富有深刻的意涵，而且具备种种清净、柔软的特性，
可以说是世界上最美妙的花。

'随世间法行故；如二国王力势虽同，亦相赠遗。复次，示善软心故，以花为信。'"

以莲花比喻菩萨善法

除了形容佛陀的相好之外，经中也以莲花来比喻菩萨所行之善法，如：《瑜伽师地论》卷八十中说："然诸菩萨于诸世法，不为爱恚所涂染故，如红莲华。"这是说，菩萨于世间种种善恶之法都不染着，不会被爱欲、瞋恚所垢染，就如同红莲花一样。

《大宝积经》卷十四中说："贤王菩萨……在于大众若如师子，不倚俗法；犹如莲花不着尘水，无所憎爱心。"菩萨在大众中如同狮子般勇猛无畏，不倚靠世俗之法，如同莲花不染着尘劳之水，无有憎恨爱欲之心。

而在《摩诃行宝严经》中则说：就如同陆地不会出生莲花，菩萨也如是，不从无为法中出生佛法。譬如充满淤泥的水，则会出生杂莲花，菩萨也如是，从恶性众生的烦恼结缚之中，才会出生佛法。

还有在《除盖障菩萨所问经》卷九就记载，以莲花比喻菩萨所修持的十种善法：

1.远离染污：就如同莲花出于污泥而不染着，菩萨修行，能以智慧观察一切外境，而不生起贪爱执著，虽然处于五种浊恶的生死瀑流，也无所染着。

2.不与恶俱：如莲花，虽然只是一点微滴之水也不会停留在花上，菩萨修行也是如此，在修行时，灭除种种恶业，生起各种善业，一心守护身、口、意三业的清净，而不与微小的恶念共俱。

3.戒香充满：就如同莲花妙香广布，远近皆能闻之。菩萨修行也是如此，坚守一切戒律而无所毁犯，由于戒行能灭除身口之恶业，如同香能除去粪秽的臭气。

4.本体清净：譬如莲花虽然处于污泥中，但是自然洁净而无染着，菩萨虽然处于五浊恶世之中，但由于持戒的缘故，使得身心清净无有染着。

5.面相熙怡：譬如莲花开敷时，能使一切见者都心生喜悦。菩萨的心也是如此，常安住禅悦，诸相圆满，使见者都能心生欢喜。

6.柔软不涩：譬如莲花体性柔软润泽，菩萨修习慈善之行，也是如此，虽然行于善法却无所滞碍，所以体常清净，柔软细妙而不粗涩。

7.见者皆吉：譬如莲花芬馥美妙，使见者及梦见者皆吉祥。就如同菩萨的善行成就，身相庄严美好，使见者皆能获致吉祥。

8.开敷具足：譬如莲花开敷，花果具足。菩萨修行也是如此，智慧福德庄严具足。

9.成熟清净：譬如莲花成熟，如果有人眼见其色，鼻闻其香，则诸根亦得清净。就如同菩萨妙果圆熟而慧光发现，能使一切见闻者，皆得六根清净。

10.生已有想：譬如莲花初生时，虽然尚未见到花朵，但是众人都已经生起有莲花之想。就如同菩萨初生时，一切天人都喜悦意乐护持，因为了知菩萨必能修习善行，证菩提果。

另外，《阿弥陀经》中说："极乐国土，有七宝池，八功德水，充满其中，池底纯以金沙布地……池中莲华，大如车轮，青色青光，黄色黄光，赤色赤光，白色白光，微妙香洁。"经中的莲花，有白有青有黄有赤，不同颜色具有不同意义，如白色代表"深"；青色是"善"；赤色是"觉"。天上的莲花，能随缘开合，视需要而开花，让众心喜悦，既是空却又是有，其实都在乎一心，所以称之为"妙莲华"。

可见在佛教中，莲花意涵丰富且几乎无处不在。释迦牟尼佛、阿弥陀佛、观世音菩萨均坐在莲花宝座之上。其余的菩萨或手执莲花，或脚踏莲花，或手示莲花；而佛国称莲花国，佛庙称莲刹，佛眼称莲眼，出家人的袈裟亦称莲花衣，而佛弟子们以"莲友"相称。法师讲经说法时"口吐莲花"等等。

于是莲花深为修行人与学佛者所喜爱。尤其是净土宗以精诚修行、一心念佛即可往生西方净土，而且有"三辈九品"；莲花成了念佛人的化身，所谓"一声念佛莲花生，一朵莲花生净土"，又谓"九品莲花为父母，不退菩萨为伴侣"，莲花表示清净解脱与觉悟；含苞待放的莲花喻众生含藏觉悟心，初开的莲花喻众生初发觉悟心，而盛开的莲花因其"华实齐生"、"华果同时"，表示已修成正果——莲花出淤泥而不染的品质，无论在何时何地、无论在天上或人间都是至高无上、无可比拟的。

八法与自赞

——佛欢喜日"僧自恣"的意义和省思

农历七月十五的盂兰盆节，又称为佛欢喜日、僧自恣日。这是什么原因，其意义又何在呢？

佛制每年四月十五日至七月十五日，共三个月为期九十天；在这期间，僧众不得外出行化，必须聚集一处，专心修道，严持戒律，清净其行，名为"结夏安居"。"结"是结制；"夏"是夏天；"安"是安定；"居"是居住。而佛为什么要定立"结夏安居"的制度呢？

因为通常佛弟子们用功修行，多在山边、林下、或水边、冢边，沉思冥想，静观入定。由于印度夏季雨水特别多，经常会洪水泛滥，因此佛陀慈悲为弟子们安全办道起见，特结制一处聚集修行，度过夏天。同时，印度夏天潮湿，是蛇、虫、鼠、蚁繁殖的季节，为避免蛇虫的侵损、伤害，并防止外出举步行走时，伤及一切众生，故必须禁足，结夏安居。

而最重要的是，结夏期间，共有九十日，弟子们可聚集一处、专心办道，同修共勉，互相策励，则道业较容易成就。

结夏九十日的最后一天，僧众必须举行自恣法，即先自我检讨身、口、意三业，在结夏期中是否犯过？其次再请其它僧众举示对自己修行过程中，在见、闻、疑三事上，是否有所犯？令于大众中自我反省及接受僧众的检举，以发露忏悔，改过自新，回复清净，名为"僧自恣法"。所以这一天又叫做"僧自恣日"。

自恣法完毕后，解散结夏安居的聚集，僧众们就可回到自己平常所喜欢的水边或林下等地方，去继续修行，不受限制，所以叫做"解夏"。

但为什么佛在这一天会特别欢喜？乃因佛出世间的本怀，无非为弘法利生，故所作的一切，都是希望给予众生安乐，拔除众生的痛苦，所以，若见众生，舍恶向善，转迷成悟，返妄归真，离苦得乐，即畅其出世本怀，所以佛就欢喜。

由于僧自恣日是佛陀在世时制定的，一直延续到今天，基本保持其中的内涵与意义，可以说是全体僧侣的节日，而且大体上由三大语系继承。这个节日，不是为了庆祝，而是以僧人的自我完善、僧团和合为宗旨。因为佛教的信仰，是依佛、法、僧三宝为核心，如果没有僧团，佛教就缺乏载体，佛法的实践就无法落实。所谓"毗尼住世，佛法住世"，戒律的落实执行，对佛教而言，其意义是如此的重大！

因此，僧自恣日有别于其它的佛教节日，最能代表佛教的宗旨与本义，突显世尊的智慧与慈悲，佛陀制戒精神与构建和合僧团的意趣。

"自恣"不是简单的一种仪式，而是修学层次的进一步升华，是心灵的洗涤，是僧团的净化。如《四分律行事钞》卷上对"自恣"一词的解释云：

然九旬修道，精练身心。人多迷己，不自见过，理宜仰凭清众，垂慈诲示。纵宣己罪，恣僧举过。内彰无私隐，外显有瑕疵。身口托于他人，故曰自恣。

故《摩得伽》云：何故令自恣？使诸比丘不孤独故、各各忆罪发露悔过故、以苦言调伏得清净故、自意喜悦无罪故也，所以制在夏末者。若论夏初创集，将同期欸九旬立要齐修出离。若逆相举发，恐成怨诤。递相讼及废道乱业，故制在夏末者。以三月策修同住进业时竟，云别各随方诣。必有恶业，自不独宣，障道过深，义无覆隐，故须请诲，良有兹焉。故律听安居竟自恣。《毗尼母》云：九十日中坚持戒律及修诸善皆不毁失，行成皎洁，故安居竟自恣。此是自言恣他举罪，非谓自恣为恶。此虽相显，有无知者滥行。

从以上引文可以看出，佛陀把自恣安排在夏末的原因，目的就是更好地完善僧团制度，令之和合清净。自恣的意义，就是巩固三月期间"所修诸善皆不毁失，行成皎洁"——一方面借助自己的力量，同时也是希望得到同修们的帮忙，互相鼓励、策发，在道业上走得更长更远。因此通过自恣的方法，许多比丘皆得圣果。故说自恣日为佛欢喜日，由于僧人的戒行清净，得成道果，是十方诸佛所希望看到的。

概括而言，僧众自恣后，能令佛欢喜有三义：

1.十方诸佛因见僧众能安居精进修行圆满，故生欢喜。

2.解夏自恣法后，僧众能自我反省检讨，及大众互相检举，使于九十日中有犯过者，均能发露忏悔回复清净，故令佛欢喜。

3.佛闻解夏后僧众报告或得初果、二果、三果、四果，畅佛所愿，故令佛欢喜。

然佛在世时，是如何训勉、教导弟子，以建立清净、和谐的僧团的呢？据《摩诃僧祇律》所载：

某年，释尊在舍卫城的时候。某村有二众修行者，他们规定一特定期间不能外出，必得闭关在房里修行。结夏安居结束，其中一众回到舍卫城去拜见释尊，向佛至诚顶礼后，坐在一旁。佛虽知晓他们的一切行迹，但却故意问：

"诸位在哪儿结夏安居？"

一群修行者回答，刚从某村镇回来。佛又问：

"诸位在安居中快乐吗？托钵容易吗？是否依佛陀的教义呢？安居结束，能获得僧衣吗？优婆塞常往来吗？"

修行者回答："世尊，我们度过快乐的结夏安居，也依照佛的指示修行了。不过，托钵不如想象中容易，衣衫亦不足，优婆塞也不常来往。"佛听了却告诫他们：

"诸位是出家身份，为什么要常常计较世间的利益呢？即使世上的人也常受到八法的控制。所谓八法者，就是利与不利，称与不称，誉与毁，乐与苦。因为诸位生性鲁钝，心生迷妄，不能分辨八法，调整身心，消除烦恼。纵使世间有利益可取，也要仔细观察。当须知它很快会消失，藉此领悟无常迁灭之法。倘若不能超越这种利益，那可以说是受制于世俗之法的不智之徒。不论遭遇到利或不利，称或不称，誉或毁，苦或乐，理察之后，须知都是无常迁灭之法，倘若因此烦恼，不能脱离束缚，或不能达到远离世俗忧虑的安逸心境，那可以说是受缚于世俗之法的迷妄之徒。因为不把这八种世法，看成无常之法，一旦利益当前，会执著不舍。反之，若无利时，就会忧心忡忡，把这种的环境看成苦受、乐受和舍受，如果三受增长，执著于环境的四种烦恼，则愈来愈多，于是就有生老病死，和忧虑痛苦的人生。诸位如果碰到这八法时，要把它看成即将消失的无常之法。这样一来，爱憎自然远离，悲叹也会消失，由内心开悟，才能进入涅槃。"

修行者听了，欢喜异常，不禁非常赞叹地说：

"世尊难得为我们解说八世法，殷勤诱导，真是前所未有的说法。"佛说："诸位，如来的智慧就像满月；解说世上八法，并不是前所未有。从前，我曾在畜牲道中投胎为鹦鹉，也对其它鸟类说过这些法。"佛又谈到过去世的往事：

从前，某国王饲养了两只鹦鹉，一只取名罗大，另一只叫做婆罗，两只都善解人意。国王非常疼爱它们，让它们住在金笼子里，饮食与国王同时，国王照顾它们如同自己的孩子。

有一天，一位大臣献给国王一只可爱的猴子。喜新厌旧，乃是人之常情，国王的关注和爱心，立刻转移在小猴子身上了。国王不再去看望金笼子里的鹦鹉，只知把玩着小猴，百般抚摸、疼爱。

婆罗见了，心里非常难受，就对罗大说："国王饲养我们，亲手递来佳肴，现在只眷顾猴子，使我们都被冷落。"

不过，罗大却默不作声。片刻后，它规劝婆罗："世界万物，全是无常，变化不定。不久，那只猴子也会跟我们一样，失去国王的关爱和照顾，它也会有盛衰莫测的感叹。"

接着，它唱出一首诗偈：

"不论兴旺与衰弱，不论声誉与毁谤，
不论称赞或谩骂，不论快乐或苦恼，
全都依据无常之法，何须得意与忧虑呢？"

然而，婆罗仍然执迷不悟。它在心烦意乱之下，不禁作歌向罗大诉苦：

"举目所见到的，全无快乐的样子。
耳朵听到的声音，只有毁谤的话。
飞往内心憧憬的地方，以便逃离这种苦恼。"

光阴似箭，日月如梭，猴子逐渐衰老了，只在幼年时期，才有鲜艳的毛发和轻便的身体，跳跃自如，人见人爱。到了年老力衰，毛色失泽，身体瘦弱，耳目失灵，行动迟钝，人人看到都要远离，变成一只可厌的老猴子。

这时，罗大回顾婆罗唱出另一首歌说：

"呈现垂耳、皱脸和脱牙的现象，孩童看见都惶恐逃走。即使我的罪恶不消失，不久也无心再追求利欲。"

果然国王真的不再宠爱老猴子了，命令将它绑在马棚的柱子上。

当时王子年纪很小，有一天，他拿着食物到老猴子的马棚下玩耍。老猴子向他要食物，王子不肯给，老猴子一怒之下，捆了王子的脸，撕破他的衣服。王子在惊慌疼痛下，大声哭泣。国王听到哭声吃惊地问："怎么回事？是王子的哭声吗？"于是立刻派身边的侍卫去看个究竟。问明之后，国王怒不可遏，马上把老猴子打死，丢到洞里让曼陀给吃了。

婆罗望着罗大，又作一首歌说：

"你是智者，能预知未然，

他是无知者，才被曼陀吃掉。"

当时的鹦鹉婆罗，乃是阿难的前身，而罗大即是佛的前身。

佛说法完毕，另一组修行者正从某村里结夏安居回来。他们向佛顶礼后，坐在一旁。佛陀也问他们："诸位在哪那儿结夏安居呢？"这群修行者的回答，也跟前组完全一样。佛又问："诸位在安居中快乐吗？托钵很难吗？依照佛陀的教义修行吗？安居结束，可曾得到僧衣吗？优婆塞常往来吗？"

"世尊，我们在结夏安居时很愉快，也依佛的教义努力修行。托钵时获得不少食物，也得到许多僧衣，在家信徒们常来看我们。"

佛问："到底什么因缘，彼此在同一村镇结夏安居，何以这一组修行者获得许多供养，而另一组却一无所得呢？"

这时，较晚回来的一组修行人回答说："世尊，我们曾用各种善巧方便，赞叹三宝。此外，我们经常赞叹大弟子舍利弗和目犍连等尊者，也称赞我们自身的修行功德，才获得诸多供养。"

"诸位所赞叹的事，全是由衷敬佩的吗？"
"世尊，我们对三宝与大师兄们的赞叹，出自肺腑之言，惟独对自己的赞扬，言不由衷。"

"你们是群虚伪的修行者，你们为了获得供养，不惜虚情假意在别人面前赞叹自己。即使吞灰炭、吃粪土，举刀破腹，也不能虚情假意，为了得到供养，竟对自己大言不惭！我不是常常教导你们要寡欲知足，安贫乐道吗？你们为何会这样贪欲不足呢？这样的言行是违法、犯戒的，这样的举止怎能修行呢？"

佛陀把他们痛斥一番。

其中一位老修行者，听到佛说话时，懊悔万分。自己确曾在别人面前自我赞叹，接受了许多供养。但是，今后绝不再虚情假意地赞叹自己了。他下了很大的决心，次晨，只见他披衣托钵，前往村镇去乞讨。

他站在某家门前，里面一名汉子问长老：

"长老呵！你到底修到哪种果位呢？"

他不再敢夸耀自己的地位，只是站着默不作声，结果，什么供养也没有得到。他一连走过几家去乞讨，始终一无所得。到了黄昏，他仍然空着肚子。最后，他到达一个家门前站着，忍不住赞叹自己，才能获得一顿饭吃。

《华严经·普贤行愿品》云:
"若令众生生欢喜者,则令一切如来欢喜。"

另一位修行者知道此事，就责怪他的行为不当，并向佛禀告：

"世尊，那位老修行者为何意志这样薄弱，行为如此轻率呢？"

"修行者呵！那个长老从过去世以来，就意志薄弱，举止轻率了。"佛不得不旧话重提。

从前，有一次阴雨绵绵，下了七天还不停止，迫使许多牧羊人七天不曾外出。那时有一只饿狼，上门求食，走遍七个村庄，依然一无所得。它深深地责备自己的无德：

"我的运气实在不佳。连续走遍七个村镇，还求不得一餐饭。不如回山去自作饮食，行为谨慎，保持清净，今后不再托钵。"它果然回到山里，进入洞穴祈愿："但愿所有众生都能平安无事。"接着，它才平静地进入冥想。

帝释天每月八日、十四日、十五日，必会骑着伊罗白龙象下凡，观察世间，周游列国。照例巡视什么人孝顺父母？什么人供养婆罗门僧？什么人行布施、持戒，或修习佛道？帝释天在周游凡尘之际，不期然地来到这个山洞，看见一只狼正闭目冥想。帝释天觉得这只狼很令人感动，连人类都缺乏这种心态和动机，心想何妨试试它的虚实真假。帝释天立刻变化成一只羊，站在狼穴前嗥叫。狼睁眼一看，原来有一只羊站在洞口。

这狼心想：奇怪？难道是我的斋戒功德得到回报吗？我走遍七个村镇尚得不到一碗饭，现在才入斋戒，就有食物送上门，何妨先把它吃了再斋戒。

它心里有了计算，就出了洞穴，走向羊的身边。羊一看见狼走来，惊慌而逃，狼随即追去，一会儿，眼看羊快被追上了。不料，那只羊忽然变成一条狗，露牙垂耳，大声吠叫，反而朝向狼冲过来。狼大吃一惊，反身就跑，好不容易才逃入洞穴：
"好险啊！本想把羊吃掉，原来不是羊，竟是一条狗。这到底是怎么回事呢？"

"刚才确是一条狗，可能是我饿昏了头，才把它看成羊，它原来不是真正的羊。"它想要出洞再确认一下，羊见狼出来了，再度惊慌逃走。狼又随后追去，眼见快要追上的时候，羊又变成了狗，迫使狼再次逃回洞穴。这时候，帝释天又化身为一只小羊，在洞口叫唤母亲。

狼生气地说："我不再受骗了！即使你成了肉片滚进来，我也绝不出洞！何况你只是化身成小羊，再也骗不了我了。"狼闭起眼睛，专心冥想，不再理会了。

那时的狼就是现在这位修行者的前身，正如他当年投胎为狼时，贪欲心重，以致志节操守不恒久。故今世出家，心志依旧轻率。

由上述两个故事得知，修行人要做到真正的不动心，确实是绝不容易；"利与不利、称与不称、誉与毁、乐与苦"之"八法"，其实相当于称、讥、毁、誉、利、衰、苦、乐之"八风"。这八法或八风是生活中不可避免的。人往往逢顺境则喜，遇逆境则忧，受八风境界动摇而无法作主，故憎爱不断，烦恼无穷。《大宝积经》说："不为八风动，则不生憎爱。"又说："智者于苦乐，不动如虚空。"一般人容易被外在境界影响，受"八风"牵引而产生贪、瞋、痴、慢、疑等种种烦恼，因此身心不能安定，始终不得自在。

修行人出家的目的，乃为上求佛道，下化众生，如果为了贪求闻名利养，乃至物质饮食而自赞自夸，甚至是未得谓得，未证谓证，都将会为僧团所摈弃、所远离。因此身为修道者，要时时警觉、自我警剔，无论什么境界现前，亦不为所动。为什么？因为修持的功夫若已到家，自然会产生定力，有了定力就能认识什么是真实的境界，什么是虚妄的境界——不管境界真实也好，虚妄也好，都丝毫不会动心。所以在禅堂中，有一句法语："佛来佛斩，魔来魔斩。"意思就是教我们一切都不要执著；唯有不执著，才能解脱；唯有解脱，才能自在。我们修行的目的，就是为了求解脱、求自在。唯有不被五欲绳索所捆缚，才能出离三界，到常寂光净土中，亲近承事诸佛菩萨。

可是当境界现前之时，如何能辨真假？以凡夫的妄想心自然无法理解，一般来说，在没有起心动念的时候，所遇到的境界，大部分都是真实的。而如果一旦痴心妄动，有了攀缘欲求之心，那么所遇到的境界，则大部分都是虚妄的。所谓"有心是妄想，无心是感应"，我们一定要切记，面对一切真、妄境界之时，要以智慧抉择——认清境界，不着境界；无论是真是假，都不要执著。要不然的话，就会像上述这头狼一样，被帝释化身而成的羊所欺骗、试探与戏弄。

在《坛经》中，六祖惠能大师曾经说过："不思善，不思恶，正与么时，那个是明上座本来面目？"所说的正是这个道理。我们若能做到不思善、不思恶，那就是无念；无念就能无住，一切皆空，这就是真正的不动了。到那时候，自然就会见到自己的本来面目。我们又何须苦苦向外寻觅？

正如《华严经·普贤行愿品》所云："若令众生生欢喜者，则令一切如来欢喜。"所谓"毗尼住世，佛法住世"，未来的佛教仍须依戒、定、慧而建立，此三无漏学对佛教之重要性，犹如鼎之三足，缺一不可。"自恣"，在律藏二十犍度中，占有很大的地位，可以说是落实执行佛陀制戒的具体实施，是僧众戒行清净、道业成就、僧团的和合、僧团的声誉影响之关键所在。藉此佛欢喜日，我们应该对"僧自恣"之意义及影响，重新反省与认识。

清净供养　无上福田
——出家为"僧"之意义及斋僧的功德利益

　　《佛说布施经》说："供养三宝，得五种利益。身相端严，气力增盛，寿命延长，快乐安隐，成就辩才。"事实上，供养三宝是每一个佛教徒应有的责任。因为清净庄严的佛宝，犹如苦海里的明灯，能照破众生愚痴无明的黑暗，启发众生的法身慧命；三藏圣典的法宝，能破邪显正，导迷向觉，引导众生往正确的方向前行；清净持戒，与世无争的僧宝能住持圣教，弘扬正法，利乐有情。三宝是行者的指南、是普度众生的慈航，令众生度向清净安乐自在的觉岸。

　　因此，我们要时常发心护持道场，恭敬三宝，广修供养，平等布施，除献供香、花、灯、涂、果、乐外，更可供养佛像、经典法物等等，以此庄严梵刹；又可提供卧具、衣服、饮食、汤药等物来护持僧团。因佛法之住世，必须靠僧宝来维持。往昔佛陀曾说："我亦在僧数。"僧，是通往成佛的道路。

不过，出家修道绝不容易，所谓"出家乃大丈夫之事，非将相所能为。"必须学菩萨道、难行能行、难舍能舍。特别是对与生俱来的贪、瞋、痴等烦恼，更要下大决心、大苦功，认真克服，才能转迷成悟、转凡成圣。根据《大庄严法门经》说："出家非外相出家，乃内心的发心。"因此，菩萨出家的真义乃在于：

1.发精进心断除烦恼，并非剃发即能代表出家。

2.为断三毒，勤修三学，并非披上染衣即能示现出家。

3.非自持戒行，乃令所有众生受戒、受戒者皆住净戒中。

4.非独住阿兰若处独修，乃能于生死流转中令众生智慧解脱。

5.非自身守护律仪，乃能广起四无量心安住众生。

6.非自身修行圣法，乃令众生增益善根。

7.非自身得入涅槃，乃令众生亦得入涅槃。

8.非自身除烦恼，乃能护一切众生不起恼害心。

9.非自解身心束缚，乃令众生束缚解除。

10.非自解脱生死怖畏，乃能解除众生生死怖畏。

又出家也有四种不同：

1.身心俱出家：于诸欲境，心无眷恋的比丘。

2.身在家心出家：受用五欲，心不耽染的居士。

3.身出家心不出家：身着僧装，心犹恋俗的僧样。

4.身心俱不出家：受用五欲，深生耽染的俗人。

《八大人觉经》说："常念三衣、瓦钵、法器，志愿出家，守道清白。"亦即开示在家信众，身虽未能出家，心要常常慕念出家僧众的清净生活，要能有一部分过出家僧众的持戒生活，以保持人格的清净。所以真正的出家，必须是身心俱出家。身心彻底出家者，方可称为"僧"。

"僧"，是梵语"僧伽"的音译，意为"和合众"，即指僧团，是奉行佛法义理，如法出家修行，依六和敬而住，具有系统、有纪律的清净僧团。其功能负有续佛慧命，宣扬佛法，教化世人，使获得心灵的净化与解脱。因此，僧团代表佛法住世的象征，象征着戒律的修持与法义的宣扬，所以经中说："僧依戒住，僧住则法住。"僧具有五种净德，于三宝中称为"僧宝"。五种净德即是：（一）发心离俗、（二）毁坏形好、（三）永割亲爱、（四）委弃身命、（五）志求大乘。所以清净的僧宝是一切世间供养、布施、修福的无上福田。

何谓"福田"？慈悲的佛陀教导我们，福德资粮是从广种福田中积来的。而福田可略分为三种：

第一是悲田：是指我们对贫穷、孤苦或病弱的人产生关爱、悲悯和同情，而将自己最爱的钱财、时间和心力去救济、帮助，令其脱离饥饿等痛苦。

第二是恩田：是指我们随着智慧的增长，日渐明白知恩报恩的道理，而对生养自己的父母和曾经教育过自己的老师，以及帮助过自己周围的人，心存感恩，并以实际行动去关心、照顾和帮助他们。

第三是敬田：是指学佛人深知三宝住世的重要性，它不但是代表智慧、慈悲、平等、因果等真理，同时亦是众生广种善根的福田，所以由恭敬而供养；由供养而护持，进而以法利生，同登觉岸。

"供僧"即属于"敬田"。历代许多佛教文献中都记载着"供僧"的殊胜功德与利益：

如《赞佛僧功德经》载，佛陀曾云："诸法因缘生，安住希求意念中，为彼悉作何祈愿，即得如是之成果。""僧如大地，能长养一切善法功德。"又云："殊胜妙宝大德僧，长养众生功德种、能与人天胜果者，无过佛法僧三宝。"

《帝释所问经》亦说："若人一念诚心皈依僧伽，彼人得大安稳。僧伽威德，无昼无夜，保护众生也。"

《四十二章经》上云："饭凡人百，不如饭一善人；饭善人千，不如饭一持五戒者；饭五戒者万人，不如饭一须陀洹；饭百万须陀洹，不如饭一斯陀含；饭千万斯陀含，不如饭一阿那含；饭一亿阿那含，不如饭一阿罗汉；饭十亿阿罗汉，不如饭一辟支佛；饭百亿辟支佛，不如饭一三世诸佛。"

又《增一阿含经》卷一云："能施众僧者，获福不可预计。"

《楼房经》中说："若对僧众供养一粒诃子、一勺饮食，未来生中决定不逢疾疫、饥馑、刀兵三大灾劫。"

此外，供僧的功德还有：一、身体圆满；二、容貌清净鲜洁；三、额广平正；四、容貌庄严；五、身体光润；六、福德圆满；七、离饥渴；八、远离三恶道；九、生天自在；十、速证圆寂。

供僧之殊胜利益，由此可知。而历来高僧大德对斋僧之功德更是推崇备至：

　　如唐代道宣律师，持戒严谨，感天人送食。有一天律师问天神："人间作何功德最大？"天神敬答："斋僧功德最大！"近代禅门宗匠虚云老和尚亦云："佛、法二宝，赖僧宝扶持，若无僧宝，佛法二宝无人流布，善根无处培植，因此斋僧功德最大。"

　　供僧实有非常殊胜的深义，所以，我们对供僧应抱有培福植德的信念，要视供僧为一种清净善行来修持，如此便可获得不可计量、不可思议的福德。僧宝的存在之所以如此重要，是与其职责分不开的，由于僧宝是出家人，我们以僧为师，不但能够在德慧方面有所依向，也可以在修持功德上有所凭借。因此以恭敬心、虔诚心、清净心来供僧，自可获得无量殊胜的利益，所以，身为正信的三宝弟子，应该把供僧视为重要的修持。

心香遍满　祈福福至
——佛教的香供养

"供养"，又称供施，是以香花饮食等各种物品供养佛、法、僧三宝。供养，供香，既是对佛菩萨的恭敬，同时也是一种重要的修持。香代表清净，能净除一切污染垢秽，令行者烦恼止息，得到清净自在。

礼佛中的供香，也称"上香"、"拈香"、"烧香"，是香事中的一种。最早焚香之举，是与印度的地理气候有关。当时，夏季的印度受大西洋的暖湿气流侵袭，温疫疾病较多。人们为了祛病和净化空气，需要点燃一些香草木料，特别是在听经或打坐的时候蚊子较多，需要燃香驱蚊、洁净空气，以便能够保持平心静气。

之后，佛教即形成焚香的习俗，据《贤愚经》载：佛陀在祇园精舍的时候，有一个名叫富奇那的长者，建了一所佛堂，准备礼请佛陀前往说法。他手持香炉，登楼遥望祇园，并焚香礼佛。这时，香烟袅袅，飘往祇园，落在佛陀头顶上，形成一顶"香云盖"，佛陀知悉长者的心意，即赴其佛堂说法。后来，印度成为产香的大国，出产的香料品种极多。

我国对香料植物的利用，则始于春秋战国时期。汉传佛教香事发展的由来是从汉武帝时期开始的，当时大规模开边，产自西域的"香料"传入我国，使香事繁盛起来，檀香、沉香、龙脑香等香品以及香炉等香具应运而生。但是，当时香的使用还只限于宫廷、贵族之间，民间百姓尚未流行。直至隋唐时候，香事方慢慢得以普及，并影响到祭祀文化，形成广泛的以香作为供养的习俗。而焚香烹茶、焚香读书，成为文人墨客优雅生活的表现。对于佛教而言，焚香逐渐向仪式化发展，成为信众敬仰佛、菩萨并与之交流的一种途径。

佛教有所谓"六供养"以喻"六波罗蜜"。涂香比喻持戒、花鬘比喻布施、香水或净水比喻忍辱、烧香比喻精进、饮食比喻禅定、燃灯比喻智慧等。

香，又代表五分法身，也就是戒香、定香、慧香、解脱香、解脱知见香。

一戒香，即自心中无非、无恶、无嫉妒、无贪瞋、无劫害，名戒香。

二定香，即睹诸善恶境相，自心不乱，名定香。

三慧香，即自心无碍，常以智慧观照自性，不造诸恶。虽修众善，心不执著。敬上念下，矜恤孤贫，名慧香。

四解脱香，即自心无所攀缘，不思善，不思恶，自在无碍，名解脱香。

五解脱知见香，即自心无所攀缘善恶，亦不可沉空守寂，且须广学多闻，识自本心，达诸佛理，和光接物，无我无人，直至菩提，真性不易，名解脱知见香。

"五分法身"的观念来自原始佛教。当时舍利弗尊者涅槃后，他的弟子非常伤心，便前去请问佛陀：舍利弗灭度之后，大众将何所依怙？

佛陀慈悲地告诉他们：舍利弗虽然灭度了，但是他的戒、定、慧、解脱、解脱知见还存在着。这就是五分法身的由来。虽然舍利弗经已灭度，乃至一切诸佛、一切圣者均已灭度，但是他们的五分法身仍永远存续着，永远令人崇仰。而从五分法身所散发出来的香，非世间的香，而是心香。所以说，心香一瓣，遍满十方，一切诸佛悉能闻此。如《水陆仪文》中说："香从心生，心由香达，不居三际，可遍十方。是故，诸佛闻之而加护，群生于此已蒙熏。"

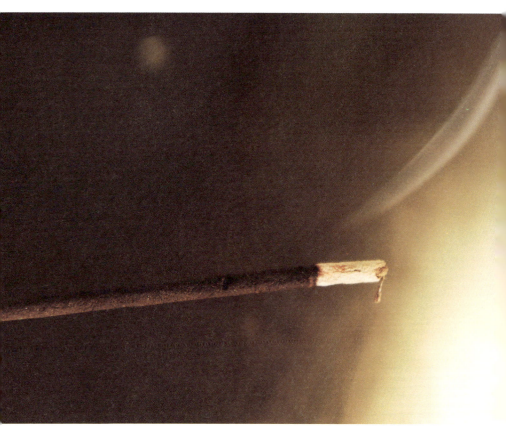

古德有云：“愿我身清净如香炉，愿我心如智慧火，
念念戒定真香，恭奉十方三世诸佛。”

依照佛教的说法，佛前供香，一支或三支即可，代表礼敬佛、法、僧，或代表去除贪、瞋、痴。不过，我们要知道，敬三宝，戒三毒，均在心上，并在平时的修行之中，而法无定法，法无执著，心诚为要。佛教讲随缘、随顺，礼佛、敬佛方法众多，献花、供果、合掌、顶礼、诵经、坐禅、转经、绕塔均可，不必过于执著，以虔诚的心意、平和的心态焚香礼佛才是最重要的。

经中常以香比喻持戒之德，如《戒德香经》载：在世间的香中，多由树的根、枝、花所制成，这三种香只有顺风时得闻其香。当时佛弟子阿难欲知是否有较此三者更殊胜之香，何者能不受风向影响而普熏十方，于是请示佛陀。佛陀告诉他，如能守五戒、修十善、敬三宝、仁慈道德、不犯威仪，则其戒香普熏十方，不受有风、无风及无势、顺势的影响，且能逆风而走，这种戒香乃是最清净无上的。这说明了严守戒律、广修善行是如何的重要。

由此可见，焚香礼佛的意义在于：一、表示上香者虔诚供养三宝之意；二、表示传递诚恳于虚空法界，感通十方三宝加持；三、表示燃烧自身，无私奉献，普香十方。而其根本意义在于表达对佛菩萨的尊敬、感激与怀念——有形的敬香是摄心的表法，而内心的清净虔诚，比形式上的敬香更为重要，故称"心香"。因此，经中亦常以心香供佛来比喻精诚的供养。所谓"回熏反闻"就是要将有相的供香，提升到无相的境界。只有心香永不耗灭，芳馨不退，才是真正的供养。是故古德有云："愿我身清净如香炉，愿我心如智慧火，念念戒定真香，恭奉十方三世诸佛。"所以，在供香之时，我们不妨将身心沉静下来，让香成为我们与佛菩萨之间最真诚寂静的交流方式——我心如烟，心香一瓣，虔奉至诚。如此敬佛，自然福慧具足、善根增长。

一念清净　念念清净
——佛七的意义和目的

日前有网友向我询问："佛七是不是必须要七天时间？"我觉得他问的问题很有意思，现在简要地略作回应，希望能令有兴趣的人增加一点佛教的知识。

一般来说，所谓"佛七"，又称为"念佛七"。"念佛"，就是念"阿弥陀佛"，而"七"，就是七天的时间。为什么要用"七天"的时间呢？这和整个天体宇宙的运行有关，从古至今，无论东、西方都以"七天"为宇宙运行之一循环。由于我们的身体和精神活动都是配合整个宇宙的运行而运动，所以用七天的时间来修行是最恰当的，就像我们以自己身心的小宇宙来配合大宇宙来修行念佛，这是最能配合天地之道的修行方式。

因此，净土法门的"佛七"，就是利用七天的时间专门念佛的共修活动。也就是说，在七天的时间内，让信众们有机会抛开一切俗务、放下一切外缘，集中全部精力，认认真真地念佛，清清净净地念佛，力求达到一心不乱的境界。所谓"一念清净一念佛，念念清净念念佛"，这是一个很好的方法。所以，佛七的目的不是别的，唯一就是要达到一心不乱。

佛七的起源，应该是依据《阿弥陀经》的"闻说阿弥陀佛，执持名号，若一日、若二日、若三日、若四日、若五日、若六日、若七日，一心不乱，其人临命终时，阿弥陀佛，与诸圣众，现在其前。"的经文而设。《观无量寿佛经》中也有"一日乃至七日，即得往生"的经文。

通常来说，上根的人一天、两天就可以达到一心不乱；中根的人就要三、四、五天；而下根的人就要六天、七天了。如果七天不够，还可以再增加至十四天、二十一天、甚至四十九天。不过，由于现代人心思浮动，欲望太多，要定下心来已经很不容易，何况要念佛念到一心不乱？如果我们能真切地按照经上所教的方法去实行，最终就能达到一心不乱，就可以保证往生彼国。正如《阿弥陀经》里面所说的："其人临命终时，阿弥陀佛与诸圣众，现在其前；是人终时，心不颠倒，即得往生阿弥陀佛极乐国土。"由此可见，往生首要的条件，就是"心不颠倒"，如此的话，就能依仗阿弥陀佛慈悲愿力的接引，往生净土。这就是佛七的经典依据，也是佛陀对我们的慈悲开示。

所以，我们在这七天中，不是追求别的，只求达到"一心不乱"。当然，如果确实无法做到，用散乱心念佛，也不是完全没有作用的，因为只要我们肯念佛，即使只是一声佛号，也会种下成佛的远因。

我们都知道，念佛法门是以信、愿、行为纲领。但"信"必须要信得真；"愿"必须要愿得切；"行"必须要行得稳。念佛就是行——佛七就是集中时间、精力，以求"克期取证"；我们平时虽然也在念佛，但是环境杂、干扰多、牵挂多，无法安心，难以清净。如果有家庭、有工作，要找出一天半天的时间来好好的自修，实在非常的不容易，同时一个人用功，容易懈怠，很难坚持下去；大众熏修，集体行动就不一样了，因为可以起到互相监督、互相鼓舞的作用，而且更有制度的约束，这样就不容易懈怠，就能坚持到底。我们修学净土法门，有了信心、有了愿心、通过实践，才能与阿弥陀佛的愿力感应道交。因此，参加佛七法会，就是实践我们信心与愿心的一种积极行动，也就是在平日念佛的基础上再往上提升。

所以，在家弟子能抽出七天时间来精进念佛，实在是非常难得的因缘，即使随喜一天、两天，甚至只参加一支香或几支香，都是有功德的。尤其在现今社会，天灾不断，人祸频传，众生苦痛不堪；我们要想拯救自己，首先就要学菩萨自利利他的精神，将自私自利的念头舍弃，念佛不但为自己求生西方而念，更是为一切众生离苦得乐而念，这不但是自利，也是利他。也就是说，我们真诚的念佛，不但发愿求生净土，而且为消除一切众生的灾难，为祈求世界永远和平，为全人类的福祉恳祷，这样的念佛，目的和意义就更大了。

和合　和谐　和睦
——佛教"六和敬"之精神

　　我们都知道，"僧伽"的意义是"和合众"，即和谐共聚同住之群众，也就是指依佛律仪出家之五众（即比丘、比丘尼、沙弥、沙弥尼、式叉摩那）而言。而僧众共处，必须以法摄受，才能和合无诤；佛法的住持与弘扬，因和合僧团而得以成办。正如律中比喻说："如用线将花贯穿成一花环，则成庄严之具；可是如不贯穿起来，则散落的花朵，将无可用之处。"因此和合僧团是佛法久住的首要条件。

　　谈到僧团的和睦，从前有一个故事是这样说的：

　　有三个和尚在一所破庙相遇了。他们看到这座曾经兴盛一时的庙宇而今断瓦残垣，一片颓废的景象，于是三人在菩萨面前感慨万千地议论开来：

"一定是和尚不虔，所以菩萨不灵。"甲和尚说。

"一定是和尚不勤，所以庙产不修。"乙和尚说。

"一定是和尚不敬，所以香客不多。"丙和尚说。

于是甲和尚礼佛念经，心无旁骛；乙和尚募集资金修葺殿堂庙舍，并为佛重镀金身；丙和尚化缘讲经，修身修德。不久之后，果然香火大盛，香客不绝，重现往日的盛景。

"都是我礼佛虔诚，所以菩萨显灵。"甲和尚说。

"都是我勤加管理，所以庙务周全。"乙和尚说。

"都是我劝世奔走，所以香客众多。"丙和尚说。

三人日夜争执不休，庙里的盛况又渐渐消失了。就在各奔东西的那天，他们总算得出一致的结论：这寺庙的荒废，既不是和尚不虔，也不是和尚不勤，更不是和尚不敬，而是和尚不睦。

由此可见僧团之和睦共处，是何其重要。佛教之中除了上述的出家五众外，还有在家的二众，即优婆塞、优婆夷，合起来成为七众弟子，所以在团体生活的原则上，佛陀制定了一个共同的标准，这个标准叫做"六和敬"——就是六种规则，能让大家生活在一起，互相包容，互相敬重，和谐合聚，清净快乐。

一、身和同住：大家同住在一起，要做到身业清净，和睦相处，不发生争斗的举动。

二、口和无诤：大家同住在一起，要做到语业清净，说话的语气要谦和礼貌，悦耳可爱，不宜恶口粗声，引人不快，以致发生争吵、争执。

三、意和同悦：大家同住在一起，要做到意业清净，即要有善良的用意，坦率的胸怀，如有欢心悦意之事，要与大家共同分享，不要为求个人的欢乐而不顾大众的欢乐，或把个人的快乐建筑在大众的痛苦之上。

四、戒和同修：佛教七众，各有戒律，但在每一众中都有着共同遵守藉以修持的戒法。如以僧团为例，比丘有共同受持的二百五十条的戒法、比丘尼有三百八十四条戒法。大众该怎么做，个人就该怎么做，如此，才能显出彼此共同守法的精神。

五、利和同均："利"就是大家所获得的利益，包括财利和法利。不论是经济上的财利，或知识上的法利，大家都要平均分配，平等享受，不会因为厚此薄彼，而发生利害冲突，或养成营私利己的恶习，致引起争权夺利的纠纷。

六、见和同解：见即是意见、见地或见解。大家同为佛弟子，在见解思想上，必须要相同统一，教团的力量才不会分化，否则各持成见，自以为胜，那么这个团体一定不能清净，也必精神散漫，不能有作为。

此"六和敬"，前四和重视法治精神，后二和重视经济平均与思想统一，不但可作为佛教团体的生活准则，也可成为众生和睦、社会和谐的生活准则。僧团如能奉行"六和敬"，就能和乐清净。若推广其义而言，一个家庭若能奉行佛法，共同行持六和敬，也能和合无诤，美满安详；一个团体要能奉行佛法，共同行持六和敬，就能发挥团体的力量；一个社会若能奉行佛法，共同行持六和敬，亦能和合无诤，成就一个安和乐利的社会；一个国家若能奉行佛法，行持六和敬，皆能和合无诤，成为一个富强康乐之邦。

当初佛陀成立僧团，"六和敬"法则之制定，树立了佛法的平等风范，无疑是一帖止诤的良药。因此，"六和敬"不仅是建立僧团的重要基础，也是小到个人家庭乃至整个社会和合、和谐、和睦的根本之道。

茶与佛教
——寺院"普茶"的意义

　　茶，与中国佛教有着深厚的传统和密不可分的关系。早在佛教从印度传入中国的初期阶段，就与茶结下了不解之缘。僧人饮茶的历史可谓由来已久，据《晋书·艺术传》记载：敦煌人单道开，不畏寒暑，常服小石子，所服药有松、桂、蜜之气，所饮茶苏而已。这是较早的僧人饮茶的正式记载。单道开是东晋时代人，在邺城昭德寺坐禅修行，常服用有松、桂、蜜之气味的药丸，饮一种将茶、姜、桂、桔、枣等合煮的名曰"茶苏"的饮料。

　　另外据《庐山志》记载，晋时庐山就有"寺观庙宇僧人相继种茶"的风气，其中东林寺名僧慧远大师曾以自种之佳茗招待大诗人陶渊明，谈诗论佛。

到了唐代百丈怀海禅师制定的《丛林清规》中，更是明确的把禅门饮茶的制度作了详细的规定，成为寺院日常生活中修行必不可少的一部分。可以说，茶和佛教的关系紧密相连。

明代乐纯著《雪庵清史》并列居士"清课"有"焚香、煮茗、习静、寻僧、奉佛、参禅、说法、作佛事、翻经、忏悔、放生……""煮茗"竟列于"奉佛"、"参禅"之前，足以证明"茶佛一味"的说法，确实是由来有自。

佛教僧人之所以选择茶作为日常生活中必备的饮料，并将之升华为修行的重要部分，这与茶性本质有着密切的关联。佛教重视坐禅修行，敛心静坐，沉思静虑，专注一境，从而开发智慧，体悟大道。在长期的坐禅过程中，要求僧人清心寡欲，少食少眠，克服昏沉、散乱、掉举等无明烦恼，达到身心轻安，观照明净的状态。从这种特殊的生活方式来说，茶正可提供最理想的帮助。

普茶在丛林中兴起，最早起源于禅门。禅宗认为茶有三德：一是坐禅通夜不眠，提神驱倦；二是满腹时能帮助消化、生津化腻；三是能抑制情欲，平心静气。另外，禅门弟子喜欢饮茶，其一因平日蔬食简单，营养不足，茶中富含多种营养成份，故饮茶

茶性清和冲淡，韵致高远，饮者清淡静雅，禅者息心绝虑。

茶心、道心、人心，在究极上归于一致。

可以充饥并补充养份；其二茶为"万病之药"，饮茶能预防和治疗多种疾病，具有延年益寿的功效；其三佛家戒酒，禅林寺院以茶代酒，举行茶会、茶宴；其四茶禅一味。饮茶既能清心宁神，生津化郁，减少欲望，有益身体，自当是佛门首选之饮料。

自唐代百丈禅师制订清规后，农、禅并重一直是禅门所倡导的，由于佛教寺院多建在高山丛林，云来雾去，极宜茶树生长，所以许多好茶皆出自僧人的栽培。因此自宋以来，举办茶宴已成寺院常规活动。历代祖师为了广种善根，普结佛缘，以吃茶为契机，以弘扬佛法为意旨，因此有普茶之举，禅门中常常将茶与禅融为一谈，故有"茶禅一味"之说。

"茶禅一味"语出《碧岩录》，作者圜悟克勤。不过，之前赵州禅师的"吃茶去"公案早已传遍宗门内外。由于我人俱生我、法二执，在执著中强自分别，以至妄想颠倒，"茶禅一味"意即透过"茶事即禅事"的训练，契入无分别的世界。"一味"是无分别、契于当下，含有"一期一会"，即此绝待，无有过、现、未之别的意义，而人也只有将每一当下都当成不可再得的唯一来珍惜，茶中的真滋味、禅中的真体会才能现前。

古时寺院里产茶，上者奉佛，中者奉诸方大德，下者自奉。又专设"茶头"，用以供奉大众茶汤。普茶，"普"者，普遍周详之意，虽然只有一盏茶，然而上奉十方诸佛，中供诸贤圣，下及六道品，如大雷音，如大云雨，三千大千世界一切众生，莫不普沾茶露，生欢喜心。

丛林寺院每逢春节或中秋，住持大和尚都会抽出一个时间，跟全寺大众交流，称之为"普茶"，就像现代的"茶会"，每个人都可以参加。住持和尚会藉此机会，讲几句开示，向所有僧众及弟子表示感谢其一年来对寺院的护持，及各种劳动的辛苦，再说些勉励的话，希望大众发长远心，常随佛学，精进修持，广培福慧。

"普"字，从广义上说，是指每一个人的真如自性，遍法界、尽虚空，无处不在。所谓"竖穷三际，横遍十方"，在时间上，从过去到现在、到未来；在空间上，从东到西、到南、到北。每一个人只要能观见本心，发挥自我的本性，就能通达"普"的意义，就能生起我跟大众"普遍"一样的想法——一起工作、一起生活、一起交流，无有特权，无分彼此，不计你我，如是才能生起真正的平等心，心胸才会开阔，思想才会周全。

佛教认为，茶既然渗透到寺院日常生活中，自然与僧人的修行生活直接相连，也就是说，在生活的每一个角落无不存在佛法，在生活的每一刹那都可以修行悟道，饮茶既然是生活的一部分，自然也可以通过饮茶参禅悟道。茶味禅味，皆源于人的内心体验，只可意会，难以言诠；茶味禅味，味味一味，不可作虚妄分别。茶性清和冲淡，韵致高远，饮者清淡静雅，禅者息心绝虑。茶心、道心、人心，在究极上归于一致。

因此，普茶在佛教丛林中十分兴盛，饮茶不只是一种传统，一种文化，而是要从饮茶中体会禅的高雅，从吃茶里参悟生命的本质。这才是普茶真正的意义。

舍利、塔与佛教的关系

舍利究竟是什么？

"舍利"在一般人看来颇具神秘或神圣性的意义。从古至今，通常人的遗体焚化后，只会剩下骨灰一堆，但佛门的高僧大德却能留下形色、数量各异的舍利。因此，舍利常被视为僧尼们修行成就的表征。高僧大德迁化后留下舍利，往往更能增强信众对佛教及对修行人的恭敬信仰。

舍利究竟是什么？教界、学界至今仍无定论。可以说，在很大程度上是非凡情所能测度的。曾有人进行所谓科学研究，说舍利是人体内的"结石"，是因为出家人常年茹素，多吃豆制品，多饮山泉水等，因钙质沉淀，积聚而产生的。又有些外道认为舍利就是他们在色身妄心上做文章，炼精化气，炼气化神，由精气神所炼成的"丹"。这些说法都是"无稽之谈"。殊不知道，其实佛教的"舍利"有种种不可思议之处，而且舍利也不只是身体内的产物。

"舍利"是梵语Saria的音译，也有译作"设利罗"、"室利罗"的，意思是"身骨"，也曰"灵骨"或"坚子"。但这只是就大部份舍利是来自人的身体而言，因为舍利大多从人的遗体焚化而得。最早的，就是本师释迦牟尼佛示寂后，焚身化作八斛四斗舍利。据佛经上说：释迦牟尼佛涅槃后，弟子们将其遗体火化，结成了许多晶莹明亮、五光十色、击之不碎的珠子，称为舍利子。还有其它的身体、牙齿、毛发等等，也称为舍利。后来又加以扩演，凡德行较高的僧人死后烧剩的骨齿遗骸，也称为舍利。因此，舍利又称为"身骨"。

不过，也有不是身骨的舍利。如宋朝时，吕元益居士刻《龙舒净土文》，刻至《祝愿篇》时，版中迸出舍利，共有三次。古代还有善女人绣经，针下有碍，发现有舍利，以及念佛或念经时，从口中得到舍利等等不可思议的事迹。还有高僧在洗澡时，弟子为其揩背，出现舍利。雪岩钦禅师剃头时，头发变成一串舍利。更不可思议的是，宋朝长庆闲禅师圆寂焚化时，正刮大风，大风将烟一直吹出四十里外，凡烟所到之处，屋上、树上、草上都有舍利，收集起来共有四石之多。这岂是现代科学或外道所能臆测或解释的?

　　这种非身骨的舍利,不但古人能获得,就是现代人也有很多不同的例子。如燃灯供佛,心诚至极,会感应道交,在灯花中得到舍利,这就是佛教中称为"灯花报喜"的现象。例如,印光大师的皈依弟子杨佩之(慧潜)居士就曾在灯花上得到舍利。1947年,苏州灵岩山寺印行《大势至菩萨念佛圆通章印公亲书静公讲义》,恰逢大势至菩萨圣诞日,灯降舍利在灯盘中发现一颗较大的舍利,精莹洁白,若水晶珠一般。这种"灯降舍利"的现象,平时也有发生,从四月至七月份,共在灯盘中得到四大、五小共九颗舍利(见该书了然法师《刊书因缘感应记》)。据印光大师所说,这是因为"精诚之极,佛慈加被,为之示现者。"(《印光法师文钞三编·覆杨佩文居士书》)由此可见,舍利的功德,不是凡情所能妄测的。

　　通常,舍利主要是指高僧们荼毗后烧出的结晶体。这种结晶体,坚固如金刚,闪闪发光,形态各异,有舍利珠、舍利花、舍利块、牙齿舍利等,色彩也不一,常称为"五色舍利"。例如近年圆寂的中国佛教协会理事、五台山净如法师,荼毗后发现有各色舍利5000余颗,颜色以黑色为主,也有白色、红色、银色、蓝色等。不同颜色的舍利,到底代表着什么?据美国万佛城的宣化上人开示,白色的,乃是骨舍利;黑色的,乃是发舍利;赤色的,则是肉舍利"。又:"舍利有两种,一为全身舍利,如多宝佛舍利。二为碎身舍利，如释迦牟尼佛之舍利。又有'生身舍利'和'法身舍利'二种。生身舍利是由戒定慧所熏修。法身舍利是一切经卷。"（宣化上人讲《妙法莲花经浅释》）。

所以，我们一般所说的舍利，单指生身舍利而言。舍利到底是什么，固然不是凡情所能测度，但舍利的作用却是非常明显的。生身舍利与法身舍利（经卷）一样，具有弘法的价值。释迦牟尼佛涅槃后，他的生身舍利被摩揭陀国、释迦族等八国分成八份，建塔供养。至公元三世纪，阿育王取出，分送全印度各地，建塔八万四千，佛教大兴。近年（1987年），在我国陕西扶风法门寺发现释迦牟尼佛的真身舍利（指骨舍利），乃是世界佛教界的一件大事，对于佛法的弘扬具有重大意义。可是，弟子们仍要发问："世尊示寂后，为什么要留下舍利？"这是很有意义的问题。在《法华经·如来寿量品》中，世尊亲口说：

"众见我灭度广供养舍利，咸皆怀恋慕而生渴仰心；众生既信服质直意柔软，一心欲见佛不自惜命身。"

供养、瞻礼舍利出现种种不可思议之现象

由此可知，佛陀和高僧大德们留下之舍利，能令众生产生企慕与渴仰、信服佛法之心。佛本来无生灭，之所以灭度而不久住于世，乃是一种方便示现；留下舍利，让众生建塔供养，目的

无非为令众生恭敬之心，如经上所说："若见如来舍利，即是见佛。"乃至"一心欲见佛，不自惜身命"，由此而勇猛精进地修行。如果我们至诚恭敬供养佛的舍利，自然会感应道交，感佛现身。古今均有许多事例可以证明。如《法华经》中，佛自言："时我及众僧，俱出灵鹫山，我时语众生，常在此不灭，以方便力故，现有灭不灭。"并劝"汝等有智者，勿于此生疑，当断令永尽，佛语实不虚。"隋朝时，天台智者大师读《法华经》至〈药王菩萨本事品〉时，忽入定中，见灵山一会，俨然未散。慧思大师印证："非汝莫识，非我莫证。"此事可为证明。

由前人的例证，可知供养、瞻礼舍利出现种种不可思议的现象。莲宗十三祖印光大师举了一个例子：隋文帝未作皇帝前，有一位印度僧人送给他几粒舍利，等他登基做皇帝后，发现舍利变成几百颗之多了。又如阿育王寺的舍利塔，可以捧在手上往里观，每人见到的景象都不一样，而舍利的大小高下亦会转变。舍利的种种灵异，可谓"神变无方"，令未信者生信，已信者令坚固，具有不可思议的弘化力量。瞻礼舍利，人皆获益。印光大师说舍利的灵异现象，乃是"佛菩萨欲令一切见闻者，深植善根，特为示现。"（《印光法师文钞》）所以，佛教的舍利，实非凡情世智所能妄测。

不过，舍利的产生，实是修行人的道力所成，这是确定无疑的。印光大师云："舍利，乃修行人戒定慧力所成，非炼精气

印光大师云：“舍利，乃修行人戒定慧力所成，非炼精气神所成。
此殆心与道合、心与佛合之表相耳。”

神所成。此殆心与道合、心与佛合之表相耳。"所以，勤修戒定慧的修行人在圆寂荼毗后，往往能在骨灰中筛出许多舍利。至于道力精深的高僧，他们的舍利，还会表现出种种神异现象。如印光大师生西百日后荼毗之时，烟白如雪，并现五色光。火后"检骨色白、质坚，重如矿质，触之作金声。顶骨裂五瓣，如莲华。三十二齿全存。发现舍利无数。其形，有珠粒、有花瓣、有块式。其色，有红、有白、有碧、有五彩。"由此可见，舍利的出现足以证明是修行人戒定慧的成就。

而更奇异的是，无锡袁德常居士，因来迟了，所有舍利都被分别取去，只剩骨灰，失望之余便至诚恳求，结果于灰中得舍利三颗，欢喜不已；他将这三颗舍利，与少量骨灰一起包好，无比恭敬、小心翼翼，带回无锡，当打开让大家一同观看的时候，竟然发现有五色舍利无数，无限惊喜与感恩。（《印光大师言行录·大师史传》）

当代高僧广钦老和尚，1986年2月13日示寂。荼毗后所遗下的舍利，也有种种神异的现象。老和尚火化后，共捡得较大的舍利子100余颗，较小的舍利，被在家弟子捡拾一空。一位迟来的信徒，在火化炉前跪求一夜，天明时竟然在膝头上找到一颗不小的舍利子。有一位信徒，在家供奉了广钦老和尚的一撮骨灰，结果一次又一次发现了舍利子。有一位老太太，年老眼花，无法在骨灰中寻觅微小的舍利子，立即跪求老师父慈悲，结果磕了三次头，就连得三颗。还有一个姓张的老翁，是广钦老和尚的在家弟子，当他从台北赶到台南妙通寺火化场后，火化炉中舍利子早被先来的信徒捡完。他悲从中来，哭到火化炉前，抓起两把炉灰，用手帕包起，乘车回台北，一路上默念"阿弥陀佛"不止。抵家后，他将炉灰置于漆盘中，出现三十余颗晶莹透彻舍利子，确实是不可思议。

舍利、塔与佛教的关系

由于舍利产生的种种灵异感应与现象，因此在佛教中，舍利是一种至高无上的神圣物，尤其是释迦牟尼佛的舍利，更是佛教徒顶礼膜拜的对象，所谓"见舍利犹如见佛真身"。为了表示对佛的虔诚和恭敬，信徒们都争相领取舍利供奉。为了保存舍利，就必须有庄严的建筑物以安奉，于是"塔"便产生了。前面说到，释尊圆寂、灭度后，当时笃信佛教的八位国王，将所分得的释尊舍利子与遗骨、所持品、头发等遗物，建塔"窣堵波"(stupa)以供奉。从此以后，"窣堵波"(stupa)（舍利塔、佛塔的前身）即成为佛教圣物的代名词。

释尊圆寂、灭度之后的三百年前后，佛教当中的"法藏部"正值兴盛时期，并倡导供奉舍利塔、佛塔的殊胜功德。根据《根本说一切有部毗奈耶杂事·卷三十九》记载，笃信佛教的孔雀王朝阿育王更在全国建造八万四千座窣堵波(stupa)，以纪念释尊的圣迹，并将舍利分送全印度各地。由此不难看出，当时"窣堵波"(stupa)的重要程度，以及崇高地位，而白马寺佛塔，则是中国最早的佛塔。

其中，中国式"佛塔"、"舍利塔"，其组织架构，大致上可以分为塔刹、塔身、基座，以及地宫等四大部分。地宫的用途，是作为埋藏佛经、佛骨，以及高僧大德的舍利子等神圣物品。

自古相传，状似佛钵，圆冢的基座，乃是释迦牟尼佛升座垂下的袈裟，历史悠久。窣堵波(stupa)经常被视为佛教最高境界的涅槃，人格圆满释尊的智者意象、表征，以及法身的境界，因此礼敬舍利塔、佛塔，即礼敬释迦牟尼佛。

当塔传到中国来的时候，印度的塔已经过了较长的发展时期，除了坟冢之外，还有在灵庙石窟内建造或雕刻的塔。译成中文的时候，各家所译均有不同，有音译的，有意译的，也有按其形状译的，例如：堵波、私偷簸、偷婆、佛图、浮屠、浮图、方坟、圆冢、高显、灵庙等等。据慧琳《一切经音义》所载，即有二十多个译名。而"塔"字究竟起于何时，历来在辞书、字典以及佛学经典方面，均有不少的考证。

清代乾隆年间的进士，著名学者阮元，在他的《揅经室集·续集三·塔性说》一文中作了概括的叙述：东汉时，人们把释迦牟尼佛的教义和传教人都称为"浮屠"。而他们所居住、所崇拜的别无他物，只是一座七层、九层、高数十丈，层层有楼梯栏杆的建筑物，古印度文称作"堵波"。晋、宋年间，翻译佛经的人，把"堵波"这个字与中国的原有东西相比较，没有这样的东西，也没有相应的文字。于是唯有把它译做"台"，可是台又显不出它的高妙，于是便另外造出一个"塔"字来。

"塔"前缀先见于葛洪的《字苑》。"塔"这一字造得很好，它采用了梵文佛字"BUDDHA""布达"的音韵，较旧译"浮图"、"佛图"更为接近。加上土作偏旁，以表示土冢之意义，也就是"埋佛的土冢"，这就十分切合实际内容了。

佛教的传播，一是利用佛经来说教；二是以形象化的实物或图画来宣传，佛像、佛塔就是最突出的形象。因此，佛教传入我国的时候，佛塔就随之而来了。

"寺"，本来是古代的官署名称，除帝王的宫殿之外，要算是较高贵的了。因此，为印度高僧修建的房屋完成之后，就命名为寺。从此，佛寺这一名称便成为了佛教建筑的一种普遍用语。

以上简要说明舍利、塔、寺与佛教的关系。

戒为无上菩提本

以戒为师　三学增上

——浅谈戒律的重要性

　　佛法的基本纲领是戒、定、慧三学，而在三学之中，又以戒学为先导，它是五乘共法，也是佛道的基石。持戒不但能保住人身，不堕恶道，而且还能积集菩提资粮，趋向涅槃正道。因此，在学佛修行的道路上，无论是为求得世间的人天善趣，抑或是为求得出世的解脱，都必须以清净的戒律为基础。

　　佛陀临入灭前训诲弟子要"以戒为师"。戒律的宗旨在于"止恶行善"，也就是"诸恶莫作，众善奉行"。唯有止息恶行，才能勤修善法；唯有精进戒行，遵奉佛制，才能使身、口、意三业清净，戒行无染，而不至于堕落恶道；若依戒修定，由定发慧，即能断除无明，乃至成就佛道。戒、定、慧三学，又称

"三无漏学"、"三增上学"——戒，即戒律，能防非止恶；定，即禅定，能静虑澄心；慧，即般若智慧，能观达真理，破迷断惑；由戒生定，由定发慧，依慧断除妄惑，显发真理，这是一切佛法修行所必须依止的方法与次第。戒学列在三学之首，由此可见戒律之重要性。

《华严经》云："戒为无上菩提本，长养一切诸善根。"佛陀制戒的精神，乃在于期望"令正法久住"、"梵行久住"，正如《四分律》所说："毘尼藏者，佛法寿命；毘尼若住，佛法亦住。"

然佛法在人间，戒律的制定实有其时空的背景。佛陀初转法轮，比丘们如实知见色、受、想、行、识等诸法，一一皆是苦、空、无常、无我。心不染着，即能自知自证涅槃寂静，离生死苦，得自在解脱——从听闻正法、专精思惟到法随法行，以至于次第证果，皆是直捷了当，简单利落。当时，只有正语、正业、正命等原则性的自律、自制，而没有详细的戒律规条。但是，随着僧团的成长，僧众人数日增，程度参差不齐，有行为不端者，或障碍修道或招致讥嫌，因此佛陀随事而制戒，此即戒律之缘起。

佛陀入灭之后，部派分流，初因戒律开、遮、持、犯的解释而有所争议，如上座部认为只有佛陀可以制戒，佛弟子应一律遵守，不得更改；而大众部则认为"小小戒可舍"，只要不障碍修行，一些属于生活规范，而不违背道德风俗的律仪可以视因缘而方便舍戒。到了大乘佛教，更发展到菩萨戒的摄律仪戒、摄善法戒、饶益有情戒。戒律不仅有防非止恶、辅助修行、和合僧团等功能，还加上弘法、度众、摄受众生的菩萨精神。

戒律的类别，依四众身份的不同而有比丘、比丘尼、沙弥、沙弥尼戒，及在家戒，即优婆塞、优婆夷戒。而大乘佛法的菩萨戒则是通于出家、在家的，就以在家众的五戒来说，这是佛弟子所应共同遵守的：

一、不杀生：不要为满足个人的欲望或仇恨而杀害众生。

二、不偷盗：未经别人允许的东西，不要任意取用。

三、不邪淫：在家众不可从事夫妻之外的性行为。（出家众则完全戒淫行，修清净的梵行）。

四、不妄语：诚信不欺，不搬弄是非、不谩骂、不花言巧语。

五、不饮酒：饮酒会失去理智，依此类推，现代的各种毒品、迷幻药等均不应吸食。

戒律虽是规条式的，其内涵却是律己与慈悲利他的道德精神——不但消极地不害他，更要积极地行善利他。"以己度他情"、"将心比心"是道德、戒律心理层面的基础，所谓"己所不欲，勿施于人"，被杀、被盗、被淫、被欺骗是很痛苦的，既然自己不希望受到这种伤害，所以也不要去伤害任何人。自己希望得到别人的关心和尊重，首先就要去关心、尊重别人。因此，戒律的精神除了止恶行善之外，应延伸其"正行"、"端正法"的意义，如八正道中的正业、正命，就是要尽自己应尽的本分和责任，例如：在家庭、学校、团体、工作场所、社会、国家中做好自己的责任、本分，遵守公共秩序，不制造脏乱、公害，这些都是现代人广义的道德与戒律。

此外，也要有惜福、惜缘的修养。对于人与人之间的缘份，要多加珍视，要多结善缘，因为每一个人、每一件事的因缘都是可贵的。明白这个道理后，自然就会珍惜自己的生命和健康，尊重别人，爱护动物，保护生态环境，珍惜自然资源。这些基本原则，无论是出家或在家弟子都应该自觉遵守奉行。

当然，持戒的更高境界，是六波罗蜜中的"持戒波罗蜜"，这是由般若空慧为导引的修持，持戒而没有我相、戒律相的分别执著。严持戒行，并不是以为另有"波罗蜜"可得，若能明见缘起无我，体现空有不二的中道正法，行为自然就能合乎戒律的轨范，此即不假造作之清净行。

戒律中蕴含慈悲与智慧，实与大乘佛法自利利他、饶益有情之精神不谋而合，发乎慈悲心的持戒，有时虽然违逆自己的"恶

念"、"习气",却也正好可以降伏我执,从而生起无我的智
慧;能常常多替他人着想,善心、善缘、福报自然增长;日常生
活中,无论修行、做事、待人、接物,自然就能法喜充满,身心
自在。

心不离戒　戒不离心
——猎人与老和尚的启示

　　我们常常说，"受戒容易守戒难"，对一般人而言，确是事实。不过，能发心受戒，已经很不错了，最怕是犯错而不知悔改，无惭无愧。因为戒有防非止恶的作用，可以规范我们的意念、语言及行为，令我们不该有的行为、不该说的话、不该做的事、不该有的观念，都不要产生并且去除，这样才不会犯错，不会伤害我们的身心。所以"戒"可以提醒、保护我们。

　　可是有的人却认为：何必要守戒？只要对自己有利，为了生活，有很多时候是没办法守戒的。所以，听了再多的法也依然故我，不肯奉行戒法。这是一些善根不足的人，时时发生的问题，也是一些既想学佛却又戒不掉、改不了坏习气的人，所常犯的毛病。所以，曾有不少人来问过我，那应该怎么办呢？请大家看看以下的故事：

从前在一个小山村里，有一位老和尚常常苦口婆心地在山村的树下讲经，村里的人，忙的尽管去忙，而空闲的人，一定会到树下听老和尚说法。其中，有一位年轻人也常坐到树下听讲。他听来听去，觉得老和尚说的，无非都是教人什么事不能做，什么事应该要去做，没有什么特别之处，所以，并不很用心听。

一天，老和尚又说了："身、口、意三业要依戒而行，守好本分。有五种重要的戒律一定要守，这五种戒就是：'不杀生、不偷盗、不邪淫、不妄语、不饮酒'"。这位年轻人听了，心想："这怎么可能？要我不去打猎，那就无法生活了。而且我打猎，别人也没说我不对啊！要我守'不杀戒'是不可能的。"因此，他听了一半就走了。隔天早上他依然故我地，背着一杆枪上山打猎去了。

但是，直到近黄昏时，他都没有遇到一只山兔或山鼠，感到十分失望，心想："为什么今天没有遇见猎物呢？"当他极度失望的时候，太阳也将近下山了。突然他听到草堆里有动静，仔细一看，原来在大树下的草丛里有一只鹿。

他看到这只鹿长得很漂亮，而且鹿的身体很肥壮，鹿毛又

"戒"要用在日常生活中，
"戒"是时时刻刻、分分秒秒不能离开的心念。

有光泽。他很高兴，因为从来没有见过这么漂亮的鹿，于是他赶紧摆好姿势，对准鹿头正要开枪。但是，这只鹿却眼睁睁地看着猎人，四目交投——猎人和鹿对视了很久，但猎人却一直没有开枪，因为打猎的人有一个规矩：不能打已死的动物。

猎人注意看着鹿，但它却一动也不动，心想："这只鹿是不是死了？为何连眼睛都不眨一下？"于是他就走过去看看，但是鹿还是丝毫没动。他很疑惑，再走近用脚踢这只鹿，鹿被踢了一下，立刻拔腿逃跑，躲到草堆里，然后又跑到树后面去了。猎人也赶快追上来，追到树旁边时，突然看到老和尚坐在树下。

猎人看到老和尚就把枪放下，坐在老和尚旁边问道："天色已暗，老和尚您为什么还坐在这里？"老和尚说："我想死在这里。"猎人惊讶地问："您好端端地，为什么想要死？"老和尚语意深长地说："我讲经是希望大家能去恶从善，慈心戒杀，守好规矩和本分。可是像你啊，听经这么久了，我所说的话，却完全都听不进去，那么我说了也没有用。既然我说的话不能让人受益，那出家有什么用？既然不能达成教育的任务，那做人还有什么用呢？倒不如死了算了。"

猎人听了老和尚的话既惭愧又感动，双手捂住脸，眼泪不断从手缝中流下来。他哭着说："老和尚，我一直不知道您这么用心良苦，我不知道您这么关心我们，实在很对不起您！"

他哭得很大声、很激动，拿起枪往树干用力地打，树叶因而被打落，枪也被打断了。他双手紧握住已毁的枪，甚至用手打树，打得手都流血了。然后放下枪杆，跪在老和尚面前说："我以前错误的人生就像这支枪一样完全断了，从今天起，我要用心改掉我过去的错误，请您收我为徒弟。从此我要守好规矩和戒律。"

老和尚很高兴，双手扶他起来说："做人要守本分、守规戒，才不会造成人生的错误；知过必改就是好人。"于是两人就下山了。猎人果真跟着老和尚出家了，后来成为一位很成功的戒师，严守戒律，讲经时绝不离戒法。因为他认为"戒"才是修行人真正的方针，也是人类普遍需要接受的教育。

戒就是规矩，戒就是教法，但更重要的是，"戒"是用来戒自己的，并不是用来戒别人，所以，我们学佛若不能好好地遵守规矩，守好本分，那就谈不上修行、谈不上是真的佛弟子了。所以"戒"要用在日常生活中，"戒"是时时刻刻、分分秒秒不能离开的心念。大家要时时用心，心不离戒，戒不离生活，这样自然就不会犯错了。若犯了错，再来后悔、再来补救，那又何苦、何必？

洗心革面　改恶迁善
——受戒免难的故事

　　经典中或祖师大德告诉我们持戒有很多好处，其好处之多，实在是多不胜数：戒可以指示我们行走的方向，戒可以约束人们不正确的行为，戒可以规范社会的秩序，戒可以庄严我们的人格。所以说，戒如良师、戒如轨道、戒如城池、戒如水囊、戒如明灯、戒如璎珞。可是一般人如果对佛法没有一定的认识，往往很难生起真实的信心，可能只是抱着一种遥远的向往，很难确切的实行。事实上，受戒的利益与功德，如果没有亲身的经验与体会，是很难理解的，只有亲身体验过的人，才能明白受戒的力量确实是不可思议的。

　　以下这个真人真事的故事，就是一个最好的例子：

民国十七年间，在湖南南岳衡山，上面有个祝圣寺，祝圣寺有一位老和尚非常的慈悲，经常在寺院里给在家居士授五戒。授五戒就要把五戒的内容跟受戒的戒子讲得清清楚楚，因为受完戒之后就要持戒，若讲不清楚怎么持，这个戒就会持不好。所以，每次老和尚在授戒期间，都把五戒讲得非常清楚，然后再把持戒的好处及功德等等，讲得很圆满。所以，戒子们受完戒之后，都会非常法喜，就想："哎呀！受戒实在太好了！"所以一传十，十传百，附近的村民非常的欢喜，纷纷前来要求受戒，还有很多人受完再受。

结果这村庄里头有一个年轻人，他的职业是小偷。他心里想："听说受戒这么好，那我也应该去受戒。"可是他看看杀、盗、淫、妄、酒这五戒之中，杀、盗、淫三戒，他自己肯定做不到："啊！不可能做到的！"还有，他又常常喜欢去喝酒，这酒戒也不能持。看一看，"不妄语戒"应该勉强可以持。"好吧！那我就去受不妄语戒。"于是他真的就去受戒了。

他发心受戒，受完戒这一天晚上，其它的小偷朋友就来找他，跟他讲："我们家乡里头有一个人，在国民政府里面当团长，押了十车的饷银，带了十几个兵，刚好路过家乡，要住一个晚上。今天晚上最好下手，好好做一票，可以吃好几年。"他心里想："好！"于是就约好了晚上一起去偷这些饷粮。

　　岂料在路上竟被他叔叔碰到，叔叔问他："这么晚了去哪里？"他心里想："要是过去的话，随便编一个谎言还不简单，可是今天才刚受了不妄语戒，不能说谎。"就支支吾吾说不出来，这个那个的，一直说不出来。他叔叔一看，就说："一定没有干什么好事，才会这样讲不出来。""既然没事就跟我回去！"于是便把他抓回去了。

　　被叔叔领回去这个晚上，这几个要去偷饷粮的小偷，没有成功，全部被团长抓到了。抓到之后，就地即被枪毙，几个人全部死掉了。消息传来，这个小偷心里一想："哎唷！真是……不妄语戒的功德实在大啊！"刚受完戒，就有这样的事情，他如果没受戒，去参与了抢劫，现在就是冷冰冰的尸体。因为受了不妄语戒，小命可以保下来，这个感触确实是非常非常的深刻。

　　这个小偷发心受一条戒，就可以免一死，可想而知，受戒的功德有多大。

　　佛在世的时候，有一位薄拘罗尊者，他也是持一条"不杀生戒"，就得到九十一劫无病无痛的果报，在佛世的现世，他还活到一百六十岁，证得阿罗汉果。所以佛所说的戒，只要我们持一分，就有一分的功德，实在是不可思议的。

　　听了这个故事之后，我们就能体会了佛的慈悲，佛用各种不同的教法，不断的点醒我们——我们今天能遇到佛法，就像贫穷的人得到宝物一样，那样地欢喜，要用这样的心态来学习。那么，得到之后，就应该凭着这个宝物，改往修来，好好做人。

我们听取前人故事的好处，就是将前人的经验，作为借鉴，对照一下自己的行为，如果有错的话，就应该把它改正过来，这就叫"改往修来"。过去已经犯了的错误，与其去后悔，不如忏悔。"忏悔"就是痛切反省自己过去的过失，从此之后不要再犯，这就是真正的忏悔，是佛法里面鼓励我们这样去做的。但是不能只是一味地后悔，自怨自责，因为一再后悔，对过去所造的，完全没有帮助，反而障碍现在修行。所以只要能够把毛病、习气，好好地改过来就可以了。

我们常常说"洗心革面"又或者是"洗除心垢"，这个洗就是要我们把心里的妄想、执著、分别，还有过去的习气烦恼，统统把它洗掉。那用什么东西来洗？就是用我们现在所读的大乘经典，用我们现在所念的这句佛号，把这些脏的、不净的东西洗干净、替换掉。过去种种错误的行为，现在统统要把它改过来，将恶行换成善行，染污行换成清净行，这就是"改恶迁善"的修行，这也是我们学佛持戒的目的。

欢喜信受　一心奉持
——守三戒的年轻修行者

可能很多人对戒律都会有些误解，觉得戒律实在太多、太严肃了，并非一般人所能受持的，而且戒条这么严格，就好像绳子一样，把人捆绑得紧紧的，受戒之后就完全失去自由，这是多么难过的事啊！也有一些人，不是看这表面的，而是懂得戒律的好处，可是却怕受戒之后万一不小心犯了戒，罪报就更大了，所以不敢去受戒，结果得过且过地生活着。就好像以下佛陀时代的一个"守三戒的年轻修行者"的故事，佛陀就是运用智慧与善巧，令一位慕道且嫌戒条多、又怕犯戒的年轻的修行人，真正明白戒律的意义，专精修持，最终得证阿罗汉。故事发人深省，以此可作为初学佛弟子们的借鉴：

佛陀在世时，在"祇树给孤独园"带领弟子们精进用功，日日不懈。当时舍卫国的百姓对佛陀非常敬仰，对僧伽也很尊重；每天僧众出去托钵，队伍都很庄严整齐，当地的人民都很恭敬地供养。

有些年轻人看了，心里很羡慕。其中有一位长者子心想：佛陀贵为王子，却能舍弃富贵出家、修行证果，得到天下人的仰慕尊重，我应该向他学习。

于是这位长者子也希望能远离名利，学佛出家，因此就向父母提出追随佛陀的要求。父母当然是舍不得，但是他们也是佛教徒，明白唯有出家修行才能获得真正的解脱，所以，最后还是把儿子送到佛陀的面前，请求佛陀完成他的心愿。

佛陀非常慈悲，立即收下这名弟子，然后请长老比丘代为教导。长老比丘亦非常尽责，于是就将他们生活中的规律一一为他分析，教他要守戒——五戒、十戒、菩萨戒，甚至要守比丘二百五十戒。

这位年轻比丘一听，啊！原来有那么多的戒！心里很是惶恐，心想："出家必须守这么多戒，一不小心就会犯了其中一条；这么多的戒，我一定守不好；既然守不好，我不如还俗算了，还俗可以做一位在家居士，不但可以经营事业、娶妻生子，还可以护持佛法。"

将恶行换成善行，染污行换成清净行，
这就是"改恶迁善"的修行，这也是我们学佛持戒的目的。

他心里打定主意，于是向长老比丘提出请求。

长老比丘听了觉得很不安，因为这位年轻人是佛陀亲自交给他们指导的，现在起了还俗之念，长老比丘们感到着实为难。即向年轻的比丘说："你想还俗不是不可以，但是必先向佛陀表明心意。"

几位长老比丘就陪同他来到佛陀面前，长老比丘一五一十地向佛陀报告，佛陀听后就问年轻人："你为何刚出家又想要还俗呢？"

年轻的比丘也很坦白地说："佛陀的教团里，大家都要守持净戒，但是这些戒律太多了，我怕守不好犯了戒，那就污染了僧团，这不是很大的罪过吗？所以我想还俗比较好，将来也可以护持佛法呀！"

佛陀说："你听了这些出家人的戒律就退失道心，这道心未免太浅薄了？"

佛陀向长老比丘说："你们为何一下子就跟他说这么多戒律，让他害怕了呢？守戒要依人依时渐进才行，一下子把那么多的戒条加在他身上，太快了吧？他怎能承担得住？把他交给我好了！"

年轻的比丘听了心情顿时放宽了许多，佛陀接着向他说："年轻人，修行不像你所想的那么复杂，守规矩也不像你所想的那么可怕！你先不用管那么多戒，我只要你守三项规戒就可以了。"年轻的比丘听到只有三项，连忙追问说："三项？那应该容易多了，我愿意守持。"

佛陀说："我只要你守好身、口、意。这三业能够清净，则一切的戒都可以渐渐达成。"

年轻的比丘听了非常欢喜，他向佛陀叩头礼拜，愿意终身信受奉行。

佛陀向长老比丘们说："我把愿意终身信受奉行的年轻人再交给你们调教，你们要好好培养他。"

这位年轻的比丘，每天就这样守持进修，因三业清净，所以他天天都过得很自在、很愉快，不久之后即证得了阿罗汉果。

很多比丘都赞叹佛陀的威德，因为佛陀简单的几句法语就能把复杂的规则浓缩成容易的概念，就能让一个人欢喜信受、坚持奉行，一生守持清净，终生获得无尽的利益。这就是佛陀最伟大、最慈悲的地方。

出家与行孝

佛教孝亲思想的省思
——庚寅年重阳节有感

　　孝亲思想在中国历史悠久，源远流长，早在《尔雅·释训》中就提到"孝"，"善父母为孝"。《说文解字》中亦说："孝，善事父母者。从老省，从子，子承老也。""承"有物质方面的奉养，更有精神方面的敬爱。所以，孝主要是指以血缘关系为基础的事亲、尊亲的德行。一般来说，孝亲包括孝心、孝行和孝思。孝心，指子女内心对父母精神上的敬爱和顺从，是孝行、孝思的基础。孝行是表现于外的行为，包括对父母物质上的尽心供养、晨昏侍奉及对过世祖先长辈的祭祀。而孝思是追思先人的孝亲之思。

　　佛教认为，人身是道器，只有修行五戒十善才能感得，它

是六道升沉的枢纽，由凡入圣的转捩。依于人身，修四谛、十二
因缘以及四摄、六度等善行即可趣入圣流；造杀、盗、淫、妄等
恶业，破戒犯斋就会堕落三恶道。所以佛陀曾告诉弟子们，得人
身者如掌上土，而失人身者如大地土，明白指出人身的难得与可
贵。父母是我们形体生命之本，是我们感得人身的增上缘，所以
我们得到人身，应当感念父母的恩德。

经典中有关孝亲的思想

是故，佛教的孝亲思想在各种经典中均有论述：

《长阿含经》卷十一的《善生经》上说："夫为人子，当以
五事敬顺父母，云何为五：一者供奉能使无乏。二者凡有所为，
先白父母。三者父母所为恭顺不逆。四者父母正令不敢违背。五
者不断父母所为正业。"

另外在《六方礼经》中更具体阐述为人子女者，对待父母应
有的态度："子事父母，当有五事：一者当念治生。二者早起敕
令奴婢，时作饭食。三者不益父母忧。四者当念父母恩。五者父
母疾病，当恐惧求医师治之。"

而"净土三经"之一的《观无量寿经》中亦说："欲生彼
国者当修三福：一者孝养父母、奉事师长、慈心不杀、修十善

业。"明示念佛与孝顺父母是往生净土之正因，不可或缺。

又如《大乘本生心地观经·报恩品》说："慈父悲母长养恩，一切男女皆安乐；慈父恩高如山王，悲母恩深如大海；若我住世于一劫，说悲母恩不能尽。世间大地称为重，悲母恩重过于彼；世间须弥称为高，悲母恩高过于彼。"

此外，其它崇亲尽孝的经典还有，记载佛陀往昔孝亲报恩故事的《大报恩经》；记载母亲怀胎十月、三年哺乳、推干就湿、咽苦吐甘的《佛说父母恩重难报经》；经中把父母的恩德归纳为十点：一、怀胎守护恩，二、临产受苦恩，三、生子忘忧恩，四、咽苦吐甘恩，五、回干就湿恩，六、哺乳养育恩，七、洗濯不净恩，八、远行忆念恩，九、深加体恤恩，十、究竟怜悯恩。

父母有如此伟大的恩德，为人子女者自当反省该如何去报答父母养育深恩。正如《心地观经》说："若随顺慈母之教而无违者，诸天护念之，福德无尽。若有善男子善女人，为欲报母恩，一劫之间，每日三时，割自身肉，以养父母，亦未能报一日之恩。"

孝顺供养报亲恩

正因为父母恩重难报，所以慈悲的佛陀一再赞叹孝顺的功德。如《增一阿含经》云："尔时，世尊告诸比丘：有二法与凡夫人，得大功德，成大果报，得甘露乘，至无为处。云何为二法？供养父母，是谓二人获大功德，成大果报；若复供养一生补处菩萨，获大功德，得大果报。是谓比丘！施此二人获大功德，受大果报，得甘露味，至无为处，是故，诸比丘！常念孝顺父母，如是，诸比丘！当如是学。"

这段经文包含两层意义：首先，佛要求出家比丘必须供养父母。其次，强调孝顺父母可得到与供养一生补处菩萨同样的福报，乃至证得涅槃。在《贤愚经》中，佛更进一步地告诉阿难：

"出家在家，慈心孝顺，供养父母，乃至身肉济救父母危急之厄，以是功德，上为天帝，下为圣主，乃至成佛，三界特尊，皆由是福。"

认为无论出家在家都应该奉行孝道，孝顺是感得人天福报乃至成佛之因，其中即蕴含了如欲成佛，必先行孝的思想。

事实上，佛陀本身就是躬行实践的孝子，所谓"大孝释迦尊，累劫报亲恩"。佛陀入灭前，曾上升忉利天为亲生母亲摩耶夫人说法，此一孝行因而开启了佛门中的"孝经"——《地藏菩萨本愿经》。此经阐述了地藏菩萨的本生誓愿及本愿功德，其中感人至深的是地藏菩萨因地对亡母的救度，菩萨也就因其孝行而被认为是最孝顺的菩萨，在中国受到广泛的崇信。我们今日一般度亡超荐法会中所诵的就是这部经。

历代祖师提倡推崇

除了各种不同的经论对孝道推崇备至以外，自古以来，中国历代的祖师大德亦非常注重孝道，且予以大力提倡：

如华严宗第五祖唐代宗密（780—841）曾说："始于混沌，塞乎天地，通人神、贯贵贱，儒释皆宗之，其唯孝道矣。"作为传统五伦之一的孝道人伦，佛教与儒家同样看重。

而宋代禅僧、明教大师契嵩（1008—1072）所撰的《孝论》，更是中国佛教孝亲观的代表性论著。《孝论》一书共十二章，其在开篇处开宗明义地说："夫孝，诸教皆尊之，而佛教殊尊也。"第一章〈明孝章〉说："夫孝也者，大戒之所先也。"第二章〈孝本章〉以父母是天下三本之一："夫道也者，神用之本也；师也者，教诰之本也；父母也者，形生之本也。是三本者，天下之大本也，白刃可冒也，饮食可无也，此不可忘也。……大戒曰：孝顺父母师僧，孝顺至道之法，不其然哉！不其然哉！"在第十二章〈终孝章〉，表明我佛弟子对已故的父母应"三年心丧，临丧宜哀"，表达对父母无限的哀思与慎终追远的孝思。

明末佛教三大师之一的莲池大师亦曾说："父母恩重，过于山丘，五鼎三牲未足酬，亲得离尘垢，子道方成就。"意思是说，父母恩重如山，仅是山珍海味供养还谈不上尽孝，必须让父母永离轮回的超生，子道才算成就，也才是真正的孝。

由此可见，历代祖师无不认为孝亲是修行最重要的部分，孝心和孝行贯穿着菩萨由发心到成佛的整个过程，孝是成佛的主因之一。

念佛即是大孝　孝心即是佛心

因此，莲池大师更进一步提出："念佛修净土者，不顺父母，不名念佛。"将孝行与念佛结合导归净土，他又把孝分为"世孝"与"出世之孝"，并认为出世之孝远远大于世孝：

"世间之孝三，出世间之孝一。世间之孝，一者承欢侍彩而甘旨以养其亲，二者，登科入仕，而爵禄以荣其亲，三者修德励行，而成圣贤以显其亲，是三则世间之所谓孝也；出世之孝，则劝其亲斋戒奉道一心念佛，求愿往生，永别四生，长辞六趣，莲胎托质，亲见弥陀，得不退转。人子报亲，于是为大。"

认为甘旨之养，爵禄之荣，成圣贤之显，均不如令父母远离六道，得生净土为上为大。所以他奉告诸人，父母在生之时，早劝父母念佛，而父母去世之后，以一年念或七七四十九日念佛来回向报恩。

莲池大师的念佛为大孝的观点，在憨山德清大师处得到继续的发扬："若能在父母之余年，从此归心于净土，致享一日之乐，犹胜百年富贵。"以念佛法门令父母心安，远胜于给予父母世间百年的富贵。而近代，净土宗十三祖印光大师也认为，学佛者应出于孝子之门，只有不忘贤母之恩，以立身行道，彰显父母祖宗之德的贤人，才能往生净土，成就佛道。

所以净土宗认为，念佛乃诸法之要，孝养为百行之先；孝心即是佛心，孝行无非佛行，欲得道同诸佛，先须孝养双亲。因此行孝是最基本的念佛，念佛是最好的行孝，念佛与孝顺就顺理成章地融为一体。

四恩总报　三有齐资

也就是说，念佛是解脱之正道，孝顺父母是往生之正因。佛教的孝亲观，在净土法门中，于是达成了孝顺与念佛一致的理念。而念佛即是大孝与中国传统的慎终追远思想，更是相互增益，彼此融合。为了表达孝思及对先祖纪念之情，寺院会在每年暮春的清明节、农历七月十五盂兰节与仲秋的重阳节，这几天前后的日子里，通常都会举行"孝亲感恩法会"，诵经祝祷，回向六度群灵悉得解脱，离苦得乐，同时超荐善信先亲往生净土，在世亲眷福慧双增，达到冥阳两利的目的。

一般诵经圆满，都会说回向文曰："上报四重恩，下济三途苦。"或者是："四恩总报，三有齐资。"等愿文。其中的四恩就是：一、父母养育恩。二、师长教导恩。三、国主水土恩。四、众生护助恩。在四恩中亦以父母恩为首位。

因此，报恩，尤其是报父母恩的思想，不但是佛教修行的重要精神，而且更是中国文化优良的传统，在此人伦关系日渐疏离、淡薄的现实社会中，实有大力提倡与推行之必要。

出家与行孝

《佛教孝亲思想的省思》一文有关"孝亲"的话题,引起了一些读者的关注,例如:"出家之后,如何行孝呢?""放不下家如何修行?"等等。以下围绕"出家"与"行孝"的问题略作回应。

"世间孝"与"出世间孝"

首先,大家要知道孝亲观,可分为"广义"与"狭义"两方面。

狭义的孝亲观只局限于一生,也就是今生今世的父母,孝行也不过表现为对父母生前生活所需的满足,时刻关心其生理、心理的感受，亦即满足其物质上与精神上的一切正当需求。能够做到这样的话，就已经算是孝。这是世间的孝。

而广义的孝亲观，所孝敬的是生生世世的父母。如《梵网经菩萨戒》所说："一切男子是我父，一切女子是我母，我生生无不从之受生，故六道众生皆是我父母。"父母的概念扩展到六道一切众生，而对父母行孝的内容，也由简单的物质、精神上的暂时供养，转向帮助父母脱离六道，截断生死洪流，真正的离苦得乐。这是出世间的孝。

出家乃真行孝

若为度脱六道一切众生而出家者，更是大孝。因为出家的目的无非是为上求佛法，下化众生，这种愿度一切众生的菩萨道思想，可以说是佛教孝亲观的特质所在。

中国长期以来，受儒家思想的影响，一般人都认为出家乃属不孝。由于出家之人剃发、染衣，自然不能于现世家中侍奉父母，承欢膝下，父母不仅在物质上得不到子女的供养，同时还要饱受思念子女之苦，此为不孝之一。

事实上，佛教绝不放弃对现世父母的行孝。《五分律》卷二十载：

　　"时，毕陵伽婆蹉父母贫穷，欲以衣供养而不敢，以是白佛。佛以是集比丘僧，告诸比丘：'若人百年之中，右肩担父，左肩担母，于上大小便利，极世珍奇衣食供养，犹不难报须臾之恩，从今听诸比丘尽心尽寿供养父母，若不供养得重罪。'"

　　可见，纵然是出家之人，也绝不舍弃对父母的供养和照顾。虽然比丘、比丘尼以乞食的方式资养色身，也可减衣钵之资以奉亲。

　　世人认为，出家人弃亲于不顾，决然出家，使父母老来失去依怙，大不孝也。其实，此为不了解佛教戒律之说，因为出家受十戒之时，必须身无十六种遮难，"父母不允"即是遮难之一，即如果父母不允许子女出家，那么，子女不得违背父母意愿而勉强出家，纵然出家也不得受戒，必须待父母许可，方得受戒。

　　《四分律》卷三十四载，净饭王得知佛陀要度自己的儿子罗睺罗出家的时候，悲泣向佛哀求："父母不许之人不得度令出家。唯愿世尊，自今已去，敕诸比丘，父母不许，不得度令出家。""尔时，世尊以此因缘集诸比丘僧曰：'父母于子，多所饶益；养育乳哺，冀其长大，世人所观，而诸比丘，父母不许，辄便度之，自今已去，父母不许，不得度令出家；若度，当如法治。'"

可见，佛制戒要求弟子凡是出家，必须首先取得父母的同意，而不是离弃双亲，撒手不管，从而隐入山林，逃避责任。事实上，出家人是舍弃了对父母晨昏的侍奉，从而追求以出世修行的功德来尽孝。因为出家人如果清净持戒，威仪具足，那么他流露出来的智慧、威仪、身教等修行的功德，不仅可以利益父母，同时还可泽及整个家族；他的父母、亲眷由于其戒德的感化，从而激发了向善之心，继而进修各种善行，走上了修学佛法的正道，从而获得真正的法益。

正如《长老尼偈》云："其（出家者）兄弟、父母在天界能够有享受不尽的欲乐。"《长者偈》中也说："具有智慧的人出生在家的话，此雄者（出家修行者）的七代父母可净。"这也就是俗语所谓"一人得道，九族生天"的意思。

知恩报恩与尽孝

佛教特别重视报恩，佛陀郑重告诫弟子要知返哺，即懂报恩。佛教认为父母恩是我们所最应回报的四恩（父母恩、师长恩、众生恩、国土恩）之一，其所提出的"孝"的观念，纯粹出于报恩心理，目的是为了回报父母对子女恩情的付出。在佛弟子心中，生命是处于生生不息的轮回之中，人一生最痛者莫过于死亡，而父母此生的死亡并非生命的终结，他们会因各自的业力，不断地轮回，所以未来还会面临无尽的生生死死，受到无尽的死亡的折磨，所以此一生的资身供养，并不算最好的报恩，唯有令父母从生死之苦中拔出，才是给父母最好的回报，才是彻底的尽孝。而且，佛弟子心中的最高目标莫过于成佛，唯有令父母成佛，才算是彻底的报恩尽孝。

所以，出家才是真孝、大孝、出世间的孝。

居家修行之道

如果放不下家，可以居家修行，佛教称之为"居士"。在慧远大师所著之《维摩义记》卷一末中说："居士有二，一广积资产，居财之士名为居士；二在家修道，居家道士名为居士。"佛教的居士即属于后者，泛指在家修道的善男子或善女人。

要知道，在家居士学佛，培养对三宝（佛、法、僧）的信心（虔诚心）实在是第一要务。一个学佛的人对三宝没有信心，就如同播下煮熟的稻种，是不会结出实修的果实的。所以，一个真正想学佛修行的人，首先要皈依三宝、亲近三宝、恭敬三宝。三皈之后，更要受持五戒：不杀生、不偷盗、不邪淫、不妄语、不饮酒；八关斋戒：(一)不杀生，(二)不偷盗，(三)不淫欲，(四)不妄语，(五)不饮酒，(六)不以华鬘庄严其身，不歌舞观听，(七)不坐卧高广华丽大床，(八)不非时食。

此外还要奉行十善：五戒的前四戒，再加上不恶口、不两舌、不绮语、不贪、不瞋、不痴。如果能够把五戒十善持好，做到身端、言端、意端，就可以算是一个好居士。

一个好居士、就要做一个好的影响众，在行为上必然是自利利他的：在帮助自己的同时，也能帮助别人，不但自己学佛，而且还影响别人学佛。现今社会，学佛的人很多，但是无始以来的习气，尤其是贡高我慢之心特别重，透过五戒、十善的修持，就可以改变坏习惯，转化无明烦恼，提升人格与品质。

佛法八万四千法门，无论修学哪一法门，在家居士都要时时警醒自己要勤修善业，信心不失，这就是佛陀的好弟子。

因此，为佛弟子者，无论在家、出家，真正能尽孝的就是努力修行（并且将所有修行功德回向过去及现在父母），唯有修行成佛，才是真正的报父母恩，当然亦是报师长恩、众生恩、国土恩。

黄檗希运禅师的故事

    自古以来，祖师们了悟到人生的无常，为了求道不惜攀山涉水，去到好远、好远的地方。大家知道，以前的交通不方便，困难与障碍特别多，今天我们只要能安下心来专意念佛修道，其它外在的事情，就用不着操心、顾虑；相较于古人，客观环境与条件，实在好得多、幸福得多了。为了说明修行人坚决不拔的道心，我要跟大家说一个禅宗祖师的故事。

    禅宗有一位黄檗希运禅师，福州闽县人。年幼时，父亲早逝，与母亲相依为命，过着贫穷艰苦的日子；禅师善根夙植，顿悟人生无常，生死事大，遂弃俗出家于洪州黄檗山；禅师聪慧明达，学通内外，人称黄檗希运。希运出家后，孤苦无依的母亲独自生活着，可是，希运三十年来，从未返家探望过母亲。

各位，试想想，你们一两天不回家都牵肠挂肚，何况是三十年？由于希运禅师的母亲非常挂念儿子，经常哭泣，结果哭到泪干眼盲；并且一遇出家人就打听儿子的下落，三十年来杳无音讯，生死未知。禅师的母亲眼睛瞎了之后，怕儿子回来看不到他，于是她想了一个办法，凡是有出家人路过，她都招呼他们到家里住宿，并盛水给他们洗脚，希望可以找到儿子，因为她儿子脚底有一颗痣，她可在洗脚时分辨出是不是她的儿子，可是过了很久，仍一直找不到脚底有痣的儿子，感到十分失望。

后来，他儿子真的回到家里，看见母亲未断俗情的苦心，感到十分难过，但是为了求道，他并未表明身份，且为了不让母亲认出，反而是将一只无痣的脚给母亲洗了两次。禅师走后，邻居告诉他母亲，她的出家儿子已经回家住了一晚，应该很高兴；老太太不相信，于是邻居再告诉她，她的儿子是将同一只脚给她洗了两次，老太太方才醒悟，赶快去追儿子，一路追、一路呼喊着儿子的名字。由于看不到路，老太太乱走乱叫的跌入河中。希运禅师本想离去，见母亲跌倒，不忍心即转身救母，可惜母亲已被河水淹死了！禅师极度悲痛，讲了如下的话：

"一子出家，九族超生；若不超生，诸佛妄语！"

后来他母亲火葬时，他对母亲说偈云：

　　"我母多年迷自性，如今花开菩提林；

　　他年三会若相值，皈命大悲观世音。"

　　此语一停，希运看见母亲在火焰中端坐莲花，得以超生。

　　这是多么动人的故事啊！我想，希运禅师当时这样做是有莫大苦衷的。因为女人一般非常重感情，希运的母亲也不例外，对儿子出家，无法放下，也就因为放不下而无法断情执、了生死。因此为了断母亲的爱子情怀，希运三十年来从未返家，纵然回家也不相认。因为他清楚知道，如未识自性，即仍在生死中轮回，如今挥慧剑、斩情丝、断爱根，待他日菩提开花结果，龙华三会中母子相逢时，一同皈命观世音菩萨，做一个真真正正的学佛所学、行佛所行的圣弟子，这才是真正的报答慈母深恩啊！

菩萨畏因　众生畏果

善有善报　恶有恶报
———西方寺过堂开示

　　"因果"是佛法的理论基础。佛教认为众生的贫富寿夭都是由自己的业力所造成的，许多佛教经论都论及"善有善报，恶有恶报"的因果报应观念。如《菩萨璎珞本业经·佛母品第五》说："是故善果从善因生，是故恶果从恶因生。"《善恶因果经》也说："受报不同者，皆由先世用心不等，是以所受千差万别"。因果乃不易之理，善因一定会产生善果，恶因也一定会产生恶果，只是时间迟早的问题。

　　自古以来，因果报应观念深入民间，所谓"善恶到头终有报，只争来早与来迟"——不是不报，时辰未到。这是世俗的果报观念，其中是异熟因与异熟果的因果关系，是指人造下的有漏善业或恶业将招引乐果或苦果的报应，善的业因必感乐的果报，恶的业因必招苦的果报。而事实上，异熟果的性质只有苦、乐之分，没有善、恶之别，是无记的。因此以佛法来说："善有善报，恶有恶报"应该说为"善有乐报，恶有苦报"，其中所谓"善报"、"恶报"只是为了方便度生而使用的说法。但世人多贪乐厌苦，以乐为善，以苦为恶，执著于有漏的善恶和无常的苦乐，不得解脱，而不懂得乐亦能障蔽人，苦亦能成就人，善恶苦乐皆是随心所转。

关于善、恶果报的问题，从前有一个两兄弟的公案，说得非常有意思：

有一位仙人，虽然已经得道，生于天上，每天享受着无穷的天福，可是他却常常下凡到人间来，抚摸自己前世的尸骨，久久不肯离去。他的这种做法，被一位具有天眼通的修行人看到了，修行人很好奇地问他："你是仙人，不在天界享福，为什么要下凡到人间来抚摸自己前世的尸骨呢？"仙人说："我很感恩自己前世，凭着十善（不杀生、不偷盗、不邪淫、不妄语、不饮酒、不绮语、不恶口、不两舌、不贪、不瞋、不痴）与禅定的功德，今日得生天道，享尽天福，昼夜六时，天籁好音，彩女歌乐，亭台楼阁，以念为食，随心所欲，欢欣无量，所以我是为了感激自己的前世，因而来到人间答谢这个身体。它帮助我修行十善及种种善业，成就我生天的功德，所以我要一次又一次次来谢谢它！"

　　可是这位仙人，有一弟弟刚巧与他相反，生前专行十恶（杀生、偷盗、邪淫、妄语、饮酒、绮语、恶口、两舌、贪、瞋、痴），无恶不为，死后堕入地狱之中，每日遭受欺辱、毒打、种种折磨，求生不得，求死不能，恐怖煎迫，无有出期。他非常悔恨自己生前坏事做尽，不知道要修十善，所以死了之后，念念不忘自己这个作恶的身体，所以经常回到人间用鞭子抽打自己的尸骨，以泄心中的悔恨。当天眼通道人劝止他的时候，他对道人说："这就是十恶的下场，可惜现在悔之已晚！我就是一个十恶的样板，希望后人不要重蹈我的覆辙！"

　　以上的公案，说明了善、恶果报之两极，也就是天堂与地狱之殊异，以此警示世人。依佛法来说，奉持五戒，来世可以做人；修行十善，将来可以生天；而作十恶的果报，轻者是来世投生为畜生，重者则堕落地狱、饿鬼，受无量之苦，了无出期。所谓"万法皆空，因果不空"，"苦乐由心，炎凉在我"，一切果报无非"自作自受"，怨不了别人，我们生前的所作所为，都会形成业力，使我们六道轮回。所以佛教常常警示世人："万般带不去，唯有业随身"，由于业力的牵引，为善者生天，作恶者堕地狱，如是因，如是果，因果报应丝毫不爽。

　　经上说："菩萨畏因，众生畏果。"一切苦果的呈现都是有其原因的，由于菩萨深知因果，所以不种因。菩萨不会等到恶果来临的时候才去修善业，而众生则在苦果现前之时才知道恐惧、

"苦乐由心，炎凉在我"，一切果报无非"自作自受"，怨不了别人，
我们生前的所作所为，都会形成业力，使我们六道轮回。

后悔，可惜已悔之莫及。所以菩萨修行的目的，就是希望众生都能认识什么是苦，以及诸苦生起的原因，从而找出灭苦的方法。

因此，作为佛陀的弟子，我们应当从净化自己的内心开始，由自心、自身做起，勤修十善业，自净其意，发菩提心"诸恶莫作，众善奉行"，履菩萨道，引导一切众生走向成佛之道，这才是真正离苦得乐的方法。

用心不同，罪报有别

宋朝永明禅师，又名延寿，俗姓王，未出家时勤诵《法华经》，是余杭县的库吏。他把自己的薪俸全部拿去买鱼虾等物放生，因为薪俸少，被网捕的生物又多，于是没钱时就拿公家的钱去买物放生。这监守自盗的行为终被揭发而判死刑，当时的钱穆王知道他挪用公款是做善事，故于行刑当日使人暗中监察，若临斩颜色不变，则放之，若色变即斩之。师临行刑时面无惧色，从容就义，别人怪而问之，他说："以我的生命换取无数众生的生命，以此得生西方极乐世界，怎能不欢喜呢？"因此获得无罪释放，更复回原职，时年三十四岁。师看破世情，往四明山依止翠岩禅师出家为僧，朝供众，夜习禅，曾在禅定观想中，见观世音菩萨以甘露灌于口，从此发观音辩才。因读《智度论》知佛陀住世时有一老人求出家，舍利弗因其无善业，故不允许，唯佛陀以佛眼观见此人无量劫前是樵夫，为虎所逼上树，情急时失声念南无阿弥陀佛，以此微弱善业，遇佛得度，获罗汉果。师念世间众生被业所缠缚，惟有念佛可以诱化，于是印弥陀塔四十万本，劝人礼念。有一天，在忏堂绕殿时，忽见普贤像前的莲花，在自己手中，想到自己的两个宿愿，一是专心修禅定，另一是广修万善净土，一时不能作出抉择，于是在佛前拈阄以作决定，七次拈阄，皆求得净土阄，于是专修净业。师初住雪窦山，晚年住永明寺，常领二千徒众念佛，七十二岁趺坐往生，后人尊为莲宗六祖。

另按《龙舒增广净土文》载，有一僧人每日绕师的舍利塔礼拜，人问缘故，僧人答道："我抚州僧也，因病至阴府，命未尽放还，见殿角有僧画像一轴，阎罗王精勤恭敬礼拜，我问此僧何人，回答说是杭州永明寺延寿禅师也，凡人死后皆经此处，唯此一人不经此处，已于西方极乐世界上品上生。阎王敬其人，故画像供养。我闻之故，特发心来此绕塔作拜。"

由此可知，用心是最重要的，凡夫偷盗命终则堕恶趣，永明大师偷盗则上品上生西方极乐世界，并得阎王恭敬礼拜，同是偷盗，但用心不同，果报亦有区别。为利益众生，甚而不惜以己生命作抵偿的偷盗非但不结罪业，且功德无量。

菩萨畏因 众生畏果
——琉璃王与释迦族

如果我们愿意平静下来，观察现今社会的状况，不难发现佛经上所说的确是事实。凡夫众生的语言、行为、起心动念，都是为了保护自己的利益，争取自己的利益，甚至为了个人的利益去攻击别人、伤害别人，这样的心行，以佛法来说就是"罪业"。可是，这种说法，一般人却很难接受。谚语所谓"人不为己，天诛地灭"，哪一个人不为自己？由此可见，人是自私自利的，因而种种的矛盾、冲突、战乱均由是而起。

说到战争，在《法句譬喻经·卷二》中有这样的记载：

佛陀在舍卫国时，波斯匿王的次子琉璃，于二十岁时领兵将父王罢黜，并且杀死了兄长祇陀太子，自立为王。

当时，有一恶臣名为耶利，向琉璃王告密说："大王，当初您身为皇子，到迦毗罗卫国学习，曾受到释迦族人的辱骂。那时，大王曾发誓说：'若当上国王，必报此仇！'现在我们兵强马壮，正是报仇的大好时候。"于是琉璃王在恶臣的佞言鼓励下，便决定带兵攻伐迦毗罗卫国。

佛陀听到消息后，虽然明知这是迦毗罗卫国人民共业的果报成熟，但为了祖国人民，他还是想要克尽心力。于是佛陀独自来到琉璃王军队必经的路上等待，并且刻意在路边一棵枯树下静坐。琉璃王远远地就看见佛陀，心中虽然百般不愿，还是勉强下车顶礼佛陀。琉璃王问道："佛陀！这前方不远处就有枝叶繁茂的大树可以为您遮阳蔽日，为何您要选择在这棵枯树下打坐呢？"佛陀回答："你说的没错，但是亲族之荫，更胜余荫。"琉璃王听懂了佛陀的弦外之音，深受感动，心想："以前国与国争，只要遇到沙门就会退兵，何况今日是遇到佛陀？"琉璃王因而带兵回国。就这样连续三次，只要琉璃王准备带兵攻打迦毗罗卫国时，途中一定会遇到佛陀端坐在枯树底下，所以琉璃王每次都只好下令撤退。但是到了第四度出兵时，佛陀知道释迦族共业的果报是无可避免的，所以也就不再阻止了。他对迦毗罗卫国的人民因不识得忏悔觉悟而招感今日的劫难，深表惋惜与怜悯。

　　佛陀十大弟子之一的目犍连尊者，听到琉璃王又要集兵去攻打迦毘罗卫国的消息，非常怜悯那些即将受害的人，于是便向佛陀禀白说："现在琉璃王要去攻打迦毘罗卫国，我希望以四种方便来救护迦毘罗卫国的人：一是将人民安置于虚空中，二是安置在大海中，三是移至两座铁围山之间，四是安置到他方大国中，令琉璃王不知他们的去处。"

　　佛陀告诉目犍连尊者："虽然你有神通力可以安置迦毘罗卫国的人，但众生有七件事是无法逃避的，就是生、老、病、死、罪、福和因缘，所以即使你欲以神通力解救迦毘罗卫国的苦难，他们还是无法逃脱过去所种下的罪业。"

　　目犍连尊者听了佛陀开示后，还是不忍迦毘罗卫国的子民受到迫害，于是运用神通力将一些精英放至钵内，举至虚空当中，希望能帮助他们躲过此难。后来琉璃王攻伐迦毘罗卫国，残杀了三亿人民。

　　战争结束后，目犍连尊者前往精舍，报告佛陀："当琉璃王攻打迦毘罗卫国时，弟子承佛威神力，将迦毘罗卫国精英安置于虚空当中，解救了他们。"佛陀问目犍连尊者："你已经去看过钵中的人了吗？"目犍连尊者回答："还没有。"于是佛陀说："你先去看看他们吧！"

目犍连尊者以神通力将钵取下，看到里面的人全已死亡，不胜悲泣地告诉世尊："钵中之人均已殂尽，我虽欲以神通力救护他们，仍无法免除他们的宿世罪业！"佛陀慈悲地告诉目犍连尊者："久远以前，有一个村落，村中有个大池塘，里面有各式各样的鱼。一天，村里人决定将池中的鱼捞尽吃掉，所以全村不分男女老幼都聚集于池边捕捉。有一个小孩，本性善良，虽不吃肉，但见到活蹦乱跳的鱼儿，便顽皮地拿着棒子朝最大的那条鱼头上敲了三下。当时的大鱼就是现在的琉璃王，他所带领的军队就是当时的鱼群，捕鱼的村人就是现在的释迦族，而那个顽皮的小孩就是我（佛陀）的前世，虽未吃鱼，却也因敲鱼头的果报而头痛三天。"

说完这段前世因缘，佛陀告诉大众："生、老、病、死、罪、福和因缘这七件事，即使是佛陀、菩萨圣众，隐形分身也都无法逃脱。"并说偈言："非空非海中，非隐山石间，莫能于此处，避免宿恶殃。众生有苦恼，不得免老死，唯有仁智者，不念人非恶。"

世尊说完此偈，座上无数听众，因听闻佛所说之无常法要，深感悲戚，各各专心思惟佛陀的开示，不久即证得须陀洹果。

《地藏经》云："众生起心动念，无不是罪，无不是业。"从无始劫来，众生因一念不觉，起欲爱染着之心，所造罪业多如恒沙，故于六道之中轮回不已，无法超脱。

为何说这是罪业？佛说"一切众生本具佛性"、"本来成佛"，只因为有太多的"妄想、分别、执著"，所以就变成了苦恼凡夫；如果我们起心动念、言语造作，与这三件事相应，就会造作恶业，就会把一真法界变成六道轮回。事实上，本来没有六道轮回，也没有地狱、饿鬼、畜生，都是我们不善的念头变现出来的。若将妄想、分别、执著统统放下，就能脱离六道轮回，超越十法界，入一真法界，生如来家，与一切诸佛如来同一知见。千经万论，无非就是要说出此事实之真相。

由于无始劫以来，我们受烦恼习气（贪、瞋、痴）的熏习实在是太深了，如何才能得到超脱？所谓"菩萨畏因，众生畏果"，菩萨深知因果的道理，常种善因，常作善事，故自然不招恶果，因而自在安乐；凡夫昧于因果的关系，心常存侥幸，造恶因而不自知，一旦恶报降临，感受种种苦果，才识得害怕，但已后悔莫及。

所以，今日我们有幸听闻佛法，即应深信因果之理，除了忏悔无始劫来的罪业，亦应从因上积极落实，觉察、觉照每个起心动念，如此才能随缘了旧业，更不造新殃。所以，我们每天读经、听经、拜佛，就是为了提醒自己转念头——要把念头转过来，念念为众生、为社会、为国家、为世界，为别人着想，这样的话，自私自利的毛病与习气，慢慢地自然就会消失。再者，我们更须体悟无常之理，生命稍纵即逝，转息即是来生，所以我们应当把握"佛法难闻今已闻，人身难得今已得"之殊胜因缘，发菩提心、发长远心，尽未来际永不退转。

善恶果报　不离一念
——均提沙弥的启示

有关因果报应的道理，在佛法里面可以说是"老生常谈"，但始终是一般善信经常疑惑及提问的问题，因此，我常在开示中引用佛经义理及故事加以说明。

《华严经》云："若人欲了知，三世一切佛，应观法界性，一切唯心造。"宇宙一切万事万物，皆是唯心所造。人的心能造天堂，人的心也能造地狱；行十善便是造天堂，行十恶便是造地狱。心又能造人、造修罗、造畜生、造饿鬼。人的心就是这样微妙，千变万化不离一念，故曰"一切唯心造"。因此我们若心存善念，所言、所行皆是光明，所得果报亦皆如是。正如《贤愚经·卷十三》中所说的均提沙弥的故事，即是最好的说明：年少比丘因轻慢心而造恶口，故五百世堕为狗身；也因持戒修行，悟道证果。其中的启示，颇为深刻。

昔日，有一群商人带着一只狗到其它国家做生意，行至半途，商人停下来稍作歇息。狗儿趁着商人不留意时，便将放在一旁的肉给叼去吃了。商人发现后，生气地拿起棍棒将狗儿的腿打断，并将它丢弃在路旁。

此时，舍利弗尊者以天眼看见断了腿且饥饿不堪的狗儿，便着衣持钵入城乞食，然后以神通力飞至狗儿的身边，将乞得的食物拿给它吃。狗儿欢喜地用完食物，舍利弗尊者便为其开示说法。狗儿命终后，则投生至舍卫国的一户婆罗门家。

一天，这位婆罗门看见舍利弗尊者独自入城乞食，便上前询问："尊者没有沙弥随行吗？"尊者回答："我没有沙弥随行，听说您有一子，可否随我出家？"婆罗门说："我有一幼儿，名叫均提，现在甚为年幼，待其年纪稍长再让他跟随尊者出家修行是否更好？"于是，等到均提七岁的时候，婆罗门便带他到祇洹精舍出家修行。均提沙弥不断地勤修佛法，精进用功，最后心开意解，证得阿罗汉果。

均提沙弥思惟今生能得遇圣者、悟道证果，必是过去的因缘，便以神通力观见自己过去世为一只饿狗，蒙舍利弗尊者慈悲救助，今日方能为人并获圣果。于是均提沙弥发愿："我蒙尊者之恩，得以脱离诸苦，今生应当终身随侍于尊者。"便终身求作沙弥而不受大戒。

当时，阿难尊者见此因缘，请示佛陀："不知此人曾造何种恶行，受此狗身？又曾造何等善根，蒙尊者救助而得解脱？"佛陀告诉阿难："迦叶佛时，有一群比丘聚集一处修行。当时僧团中有一年少比丘音声清雅且善于梵呗，人皆乐听；另一位年长比丘音声浊钝，不善梵呗，但因功德具足，已得阿罗汉果。这名年少比丘自恃好声，便嘲笑老比丘的声音犹如狗吠。老比丘心知年少比丘种下恶果，便慈悲地对年少比丘说：'我已得证阿罗汉果，功德悉备。'年少比丘自知罪行，心惊毛竖，惶怖自责，便赶紧向老比丘忏悔自己的罪过。"

佛陀告诉大众："当时的年少比丘就是今日的均提沙弥，由于恶言果报，五百世常受狗身；也因出家持戒清净的功德，得以见佛而后悟道证果。"诸大比丘们闻佛所说，欢喜信受，顶戴奉行。

由此可见，一切因果皆由心之造作。可是我们凡夫俗子只知重视追求眼前的结果，却不慎守因的规则，如此即是因果颠倒。我们应该相信因果的规律，其规律是非常顺序的，因为人的生命不仅是今世，而是经历了生生世世的流转，谁也无法知道自己在过去世流转的过程中，曾做过什么样的业，所以今世行善、做好事，却不一定会带来今生的幸福与快乐。同样的，现在所造的恶业，亦不一定会马上遇到痛苦和不幸，但这并不代表现在所造恶业的果报在将来不需要承受，只不过"不是不报，时辰未到"而已。是故行者当谨慎之。

因缘会遇时　果报还自受
——预知投生的圆泽禅师

　　佛陀因应不同根机的众生，作出深浅不同程度的说法。对初机学佛者讲业感缘起，不追本穷源，以众生真实相为本，大乘始教说真如缘起，是观察种现相熏实，因而缘起诸法，然真如亦由无明熏习，这无明业相，亦为业所感召，所以业感缘起与真如缘起其实同出一理，不管业感缘起或是真如缘起，都是从因说起。

　　过去业因，别说我等凡夫一定要偿还，就是能观见宿命的圣者，也逃不了，跑不掉。《唐书旧史》里记载洛阳慧林寺沙门圆泽法师与隐士李源的一段再生缘，便是最好证明。

　　唐朝时李源，父亲为官，派守东都，为安禄山所害，所以立志不再涉足仕途，并以洛阳之住宅，改作慧林寺，请圆泽当住持，自己隐居其中。

一天，他们商量一同去游峨嵋，李源要从荆州乘水路前往，圆泽禅师说，最好从长安经斜谷陆路而去，但李源以为自己久绝人事，不愿再入京师与旧友们相见，可是，圆泽禅师也有他不愿走水路的理由，又不便明白的说出来，就依李源走水路由荆州乘船，当船经过南浦时，见一妇人，肚大腰圆，身怀六甲，在水边汲水。圆泽禅师黯然的对李源说："我不欲从水路走的原因，就是为怕见此妇。"李源惊问其故，禅师说："此妇怀孕三年未生，待我为子，不见则已，今日既见，无可逃矣。公当以符咒助我，使我速生，到第三天洗浴时，愿公前往，请以一笑为信。再过十三年以后的中秋日，请在杭州天竺寺外候我，我当与公再见一面。"李源闻听悲悔不已。然事已至此，只有依照禅师的话去做了。

天晚时，圆泽禅师坐脱而去。过了三天，李源依言前往妇家，小儿看见李源来，果然轩渠而笑。李源把此事经过，告知其家，然后葬了禅师遗体，掉转船头又回惠林寺去，无心再去峨嵋游玩了。

李源回到寺中，在经书中看到圆泽禅师未去以前的遗言，才知道他们在尚未出发以前，禅师已知此行有去无回了。

过了十三年，中秋日那天，李源按时前往天竺寺赴约。李源先从洛阳到杭州，待期见面。那天晚上明月当空，在葛洪井畔，闻有牧童拍着牛角唱着歌而来，歌词为"三生石诗"：

三生石上旧精魂，赏月吟风莫要论；
惭愧情人远相访，此身虽异性常存。

李源闻歌，知是圆泽来了，忙问道："泽公别来无恙？"答云："李君真信士，如期而来；然而世缘未了，请勿相近。唯勤修不惰，那时再相见吧！"因此又歌道：

身前身后事茫茫，欲话因缘恐断肠；
吴越江山游已遍，却回烟棹上瞿塘。

歌声渐远，隐而不闻。李源仍返惠林寺去。到长庆年间，李源已八十多岁了，因李德裕推荐之故，穆宗诏奉为谏议大夫。李源不肯出来做官，不久亦终。

创造好缘　创造诸法
——如何转变自我命运

虽云行恶是因，得灾是果，但因与果之间要有缘牵引，果才能成熟，所谓"诸法因缘生，因缘灭"，这因缘生法如种植物，必先有种子，以及泥土、阳光、水份、空气等才能结果。种子是因，泥土、阳光等是缘，有因无缘或有缘无因，植物都长不出果实，必须因缘和合而后果生。农夫明白这道理，就会挑选肥沃的泥土才播下种子，在适当时候灌溉、排水及除草施肥，制造好缘，等待好收成。

由此可知，我们也可以像农夫播种一样，创造好缘，创造诸法，使自我命运转变。只要努力培养善缘，制止恶缘，善果就会出现，恶果便被伏住，恶报不起现行，等到成佛成菩萨再来了结。有关这个问题，佛在经论中重复说了很多遍。改变诸法以心法为本，心净则土净，心秽则土秽，一念天堂，一念地狱，都是一念之间。

在《杂宝藏经》卷四里，佛陀告诉我们一个改变现世贫穷命运的故事。

以前有一穷人名鬛夷罗，当佣工过活。一天，看见有一位长者在寺院作大施会，鬛夷罗随喜赞叹。回到家里，想到自己前生不植福，所以今日贫穷，今生又无钱作福，下生必然更苦，不禁潸然泪下。妻子问落泪原因，夷罗告诉她感触缘由，妻子亦有同感，夫妻决定卖身到富家，得十两金，富人限期七天清还，否则便终身为奴婢。夫妇二人取得十金钱后，即往塔寺，作施设会，两人六天不分昼夜在寺院里捣米及办理一切供品。那时刚巧有国王也来塔寺欲作施会，住持推辞说已有施主作施，国王再三向夷罗争取当天作设施会，夷罗都再三推辞，国王大怒，问夷罗为什么不能推迟一天，把日期相让，夷罗如实告知国王卖身作施事，明天便是第七天，不还钱便要往富家为奴，所以不能相让。国王听后非常感动，赞叹他能解悟贫穷苦因，能以不坚的财，易于坚财，不坚之命，易于坚命，于是把身上所穿贵重衣服及夫人的璎珞送给夷罗夫妇，并割了十处土地送给他。

夷罗夫妇真诚修福，改变了不好的命运，得现世荣华富贵报，来生果报必然更大。

何处觅心安

心在哪里？如何变大、变小？

　　我们的心，梵语称为Citta，不单是肉体的物质器官。据《四卷楞伽经注》举自性清净心、虑知心之二心。《止观》举质多心、草木心、精集精要心之三心。《大日经疏》举质多心与干栗驮心之二心。干栗驮心附肉团心与真实心之二义。法相宗于《唯识述记》与《唯识枢要》举质多（心）、末那（意）、毘若底（识）之三心。《宗镜录》举纥利陀心（肉团心）、缘虑心、质多心、干栗驮心（坚实心）之四心。《三藏法数·十九》举肉团心、缘虑心、积聚精要心、坚实心之四心等等。

　　以上多种的心，都有不同的解释，我们一般是指自性清净心或如来藏自性清净心。由于自性本来清净，只因被妄想、执著所蒙蔽，因此，心，可以扩大，也可缩小。心大，就是大量、大度；心小，就是小心眼儿，气量狭窄。那么，谁的心量最大呢？就是世间最伟大的导师佛陀。佛陀的心量最大，大得无边无际，能够包容宇宙中的万事万物，原因就是因为他完全没有分别、没有执著，而且是彻底的无我。相反地，世间人们的心量大小各有不同，凡是修养越高、德行越好的人，心胸就越开阔，越豁达，反之则没有气量，俗语所谓"鼠肚鸡肠"。

从前，有一处乡村地方的寺院，一位法师正在大殿里拈香拜佛，此时来了一个求道的信众，恭敬的问道："请问师父，常常听说，一个人的成就有多大，就要看他的心量有多大，但怎样才能量出心的大小呢？"这个突如其来的问题，确实不好回答。这位法师用眼看了他一下，不慌不忙的答道："好吧！我现在教你一些方法，你必须依照我所说的去做，做完了，自然就会明白。"

信众非常开心地说："真的吗？请你说吧！我必定老实去实行。"法师说："请施主你马上把眼睛闭上，其它一切事情都不要想，专注地在心里用意识构造一根毫毛，必须在一分钟时间内完成。开始！"

信众闭上双目，凝思冥想。一分钟后，法师问："你心里的那根毫毛造好了吗？说一说它是什么样子？"

"造好了。"信众清楚、嘹亮地说："我心中的这根毫毛尖而细长，清晰可辨。"

"好，真好！"法师夸赞地说："请施主重新在心里建造一座宝塔，同样必须在一分钟之内完成。"

信众按照法师的提示，闭目凝思，默默的于心里构筑成一座宝塔：高耸巍峨，外表壮观，形状奇特，色彩柔和，结构合理，装潢精美，飞檐翘起，琉璃瓦鲜亮，信众的想象非常快速、而且生动。

没多久，"造好了！"信众得意洋洋于自己的天才，在这么短暂的时间内就能想象出、构筑成如此庄严、精妙的宝塔来，可见自己的思维何等的敏捷、何等的智慧！可无愧地说，这座宝塔的造成完全是心灵的杰作，绝非"抄袭"其它寺庙建筑的赝品。所以他笑眯眯地告诉法师宝塔建造已"竣工"了。

法师早已预料到会是这样的结果，面带诚挚的微笑说："施主真聪明，那么现在你该知道这个'心'，到底有多大了吧！"信众听到法师这样说，立刻愣了一下，但未完全理解法师说话的深义，只是眨动着双眼用心地琢磨。法师继续开导说："在同样的一分钟内，既然能塑造一根毫毛，也能建构一座高大、辉煌的宝塔，由此可见，心的大、小，完全可由自己来掌控的。"

《摩诃止观·一下》曰：
"一微尘中，有大千经卷，心中具一切佛法。"

"噢！我明白了，原来心是可以变小，也可以变大的。"信众略有所悟地抢着说。

"正是这样！"法师继续说下去："所以，假如一个人把心压缩到很小很小，就只能塑造一根微不足道的毫毛；倘若一个人把心拓展开来，胸襟广阔，豁达大度，他所构建的不知比高耸入云的宝塔还要宏大多少倍哩。"

"太精彩啦！法师！"信众高兴得手舞足蹈起来。

"不止如此。"法师趁此契机，再进一步说明："如果把我们的心能做到无限大的舒张，就会像太虚、宇宙那样浩瀚无涯。那么，我们的心就会变得无穷无尽，如此，就能够承载下任何人、事、物。我们学佛，就是要学习佛陀的心量、智慧；我们的心要和佛陀的心一样，博大无际，包容天地，吞吐古今，海涵宇宙人间万事万物，这样的想法与行为，才是正确的啊！"

"大师所说，真是至理名言！"信众情不自禁地脱口而出："多谢大师的教诲，真是听师一席话，胜读十年书啊！您让我终于明白了！"

是啊！正如《摩诃止观·一下》曰："一微尘中，有大千经卷，心中具一切佛法。"如果我们能放下我见、我执，把自己的心扩大、融入到无始无终的时间、无际无涯的空间里，那就是大智慧、大修行了。当然，我们还应谨记，开扩我们的心怀、实现远大的人生目标，必需要良师、益友，亦即是善知识的诱导、指引，而更重要的，还必须靠自己不懈的努力去实现。如此，才不至辜负这难得的、宝贵的人身与人生。

心迷法华转　心悟转法华

最近我们西方寺举办的《妙法莲华经》念诵法会刚圆满，许多参加完法会的信众都跑来问我：大家都说《妙法莲华经》是一部很殊胜、很微妙的经典，它的"妙"到底妙在哪里？而念诵这部经又有什么功德利益？

相信不止信众们有这个问题，很多有心研读这部经的人都深感兴趣，因此，今天我为大家讲解一下，希望能对大家在修行上有所帮助。

佛法之"妙"，可以说是无尽、无穷。世尊释迦牟尼佛的"本门"里有十种妙，"迹门"也有十种妙。"本"者佛即妙觉；"迹"是垂迹，即显示种种的痕迹。因这个"妙"实在太广太多了，所以天台智者大师曾经以九十天的时间来谈妙。"妙"之所以为"妙"，是因为它不可以心思，不可以言诠，无法用语言、概念来表达。虽知是妙，但仍是很抽象，仍是无法明白、把握。

如何才能说明"妙"？以下引一些公案为例，来证明这个"妙法"的妙处：

从前，有一个和尚，他每天都会诵念一部《法华经》。他从经上得知书写这部经的功德是不可思议的，于是他就恭恭敬敬、一丝不苟地把整部经写完。这个时候正是冬天，就在他把笔放到水里泡洗之际，水中忽然冒出一朵冰莲花，这朵冰莲花越长越高，越长越大；于是他就给自己取了一个名字叫"冰莲和尚"。这件事当时很多人都亲眼看见了，并广为传诵。

另外一则公案说：从前有一个和尚，他很有地位，在朝廷里参政。每次他从寺庙到皇宫去都不坐轿而是骑马，而每当他坐在马上，就会背诵《法华经》第一卷，到达皇宫时刚好背诵完毕，天天如是。一天，他的马突然死了，而他寺庙对面的一位居士家里刚诞下一个男婴。

婴儿出生前，他的母亲曾梦见对面这位和尚所骑的马撞到她怀里去，不久婴儿就出世了。她觉得很奇怪，于是就叫人到庙里去询问，才知道那匹马刚死去。她知道这个男婴便是这匹马转生来投胎的，于是就将他送到庙里来。可是男孩虽然日渐长大，但却很愚痴，无论教他认字或写字他都学不会，所以一个字也不认识。但是，有一个和尚无意中教他念《法华经》时，他很快就把第一卷记下来，往后他就记不住了。

这是什么原因呢？因为他做马的时候，和尚每天在它背上背诵第一卷，所以它能记住。由于日日听到《法华经》的关系，所以死后得以投生做人，可想而知这部《法华经》的功德，是多么的殊胜不可思议。

还有，在晋朝时代，云南有一位叫陈东院的居士，他是个虔诚的佛弟子，深信观世音菩萨。他曾到南海普陀山去朝拜观世音菩萨的道场，当他朝拜完毕的时候，见到一位和尚在念《法华经》，于是便请这位和尚替他念经超度其亡母，使她离苦得乐，早登天界。念经功德圆满之日，他家里的一头力气很大的牛，忽然间死去了。当晚这只牛托梦给他，告诉他说："我是你的母亲，因为口业太重，罪孽太深，所以投生做牛。现在你请法师念经来超度我，使我能离开牛身，但还未能离开地狱之苦，你再请法师为我念经超度吧！"陈东院得了这个梦之后，便再度到普陀山去拜见这位和尚，请求他再次超度自己的母亲。

这位和尚还是很慈悲的，当他知道陈东院母亲的情形后，就答应了他的请求。和尚念经时固然很诚心，可是酒瘾未断，偶尔会喝一两杯。开始的时候，他很诚心的跪在佛前，一字一字的念《法华经》，在念到第四卷的时候，他感到很渴，想喝茶，但茶壶里没有茶，只见平时喝酒的酒杯里有酒，便把酒喝完了才继续把整部经念完。

事后，陈东院又作了一个梦，梦见他的牛母亲对他说："我本来是可以离开地狱的。当法师念第一到第四卷《法华经》的时候，地狱里遍满金光，且有金莲花生出来，正当我要投生时，忽然间一股酒气充满了整个地狱，从第五到第七卷就没有那么大的功效了。你再请这位法师为我重新念一次吧！"陈居士把情形告诉这位法师，法师感到非常的惭愧，过去以为喝一两杯酒没有什么关系，经过这件事之后，他便坚守酒戒了。

由上述这些事例看来，《法华经》的妙处实在是不可思议，而且其功德利益更是无法说完。所以，我们有心学佛的人，必须知道《法华经》有这么多好处、妙处：如做畜生的，听经闻法，以此善因将来就可投生做人；在地狱里受苦的，听经闻法，以此善缘将来就可以生到天上。因为这部经功德无比殊胜，所以有些人就发心去念诵，并依照经上的方法去修行。不过修行时千万不能自满，不要以为只要念经就自然有无量功德；而且更不能生起自满的想法，因为如果生起了自满或贡高我慢之心，非但没有功德，甚至可说是把功德都白费了。我们诵经其实只是仅仅种下一点善根，又有什么值得自满与自大的？所以我们修道的人切记不

有我罪即生，忘功福无比。

要自大，不要贡高我慢，要学习谦恭、要学习柔软。

在《六祖坛经》里说到：有一个和尚名叫法达，由于他诵念《法华经》已有三千余部之多，因此就生起了贡高我慢之心。当他到曹溪南华寺去参礼六祖惠能大师时，本来所有僧人在拜见住持、方丈和尚时都应该搭衣持具，恭恭敬敬的叩头顶礼。但因为法达心中生出一种我慢，以为自己诵了三千多部《法华经》，功德一定不少，于是当他与六祖惠能大师见面的时候，只弯一弯腰，连头也没有叩到地上。

六祖惠能大师便问他："你现在心里有什么？你平时修习什么？"法达很坦白的说："我念《法华经》已有三千多部了。"惠能大师说："我不管你诵经多少部，但必须要明白经意。"于是继续说了一首偈："礼本折慢幢，头奚不至地？有我罪即生，忘功福无比。""心迷法华转，心悟转法华。诵经久不明，与义作仇家。无念念即正，有念念成邪，有无俱不用，常御白牛车。"法达言下大悟。

所谓"有我罪即生，忘功福无比"，之所以有我，就是因为没有明白经中的道理，故未能把贡高我慢去除，这就是迷。所以说，迷的时候被法华所转，而当悟了之时就能无我，就能转法华——转法华才是真正的妙法。

从上述的故事，我们可以得到一个深刻的启示：修行真正的功德必须要忘我，也就是无我；不要因一点点的修持，就生起骄傲和自满心。我们学佛法的人，切记一定要谦恭和蔼，在任何人面前都不可以自高自大，这是非常重要的。

《妙法莲华经》所开示的妙法是宽广无尽的，用语言概念又岂能说得尽呢？唯有透过切实的解悟与行持，才能领会佛陀真实的意旨。经中以莲花比喻佛法的微妙、洁白，而莲花是一种稀有的花，这种花是属于花果同时：花开莲现，花落莲成。莲花的根在泥土里，茎在水里，而它的花是既不在水，也不在泥，而在水上。在泥土里的根表示凡夫，在水里的茎表示二乘。凡夫着于有，在泥土的根即譬喻有；二乘人着于空，水中花茎表示空；莲华在水上是超出空、有，表示中道与了义。既不落于空，又不偏于有；离空、有二边，二边皆不着是为中道、了义。

同时因为莲花一开就有莲子，这即表示因果不二，因是果，果也是因。若种的是佛因，所成的必是佛果。而花果同时也表示"开权显实"。莲华开了就表示"开权"，是权巧方便的法，而显出的莲子是表实法，是真实不虚，以实相为体的法，故名"显实"。

所以说，《妙法莲华经》是一部显示圆顿大教的、不可多得的经典，是一部畅佛本怀的究竟经典。现在如此殊胜的妙法就在我们的面前，我们为何不好好珍视、珍重、珍惜，让它白白的错过呢？

吃些亏处原无碍　退让三分也不妨

由于生活上种种的压力与污染，现代人的心都比较复杂、混乱，因爱而起贪、因恨而生瞋、因妄想执著而成愚痴，贪、瞋、痴三毒形成无穷的烦恼，更是种种痛苦所以产生的根源。

社会上有一些人自私自利，尔虞我诈，所以瞋心很重，以致充满了暴戾之气。所谓"瞋"，是个总名称，它的内容包括不满、愤怒、怨恨、看不惯和不自在等内心的感受。呈现在外表上，则是一种愤怒的表情或动作，让人觉得恐怖及威胁。

瞋心，就是瞋恨心，也就是瞋恚无明的心，为三毒之一。一个人如果生起了瞋心，就会丧失理智，忘却本性，一不顺心，一不顺眼，便会恼怒打骂伤害别人，因此造业无穷，将来受报无尽，实在可悲可叹。由于生起了瞋心，种种障碍之事便会随之而产生，所谓"一念瞋心起，百万障门开"，瞋心之害，可想而知。瞋心是修行的最大的障碍，是障道的祸首。

过去有一位道心坚固的禅师，用功非常精进，他常在山间坐禅，但是久而久之，鸟声频频，使得他难以入定。后来他移到水边坐禅，过了一段时间，鱼儿在水中蹦跳之声又使得他无法安静下来。他唯有再迁到崖下、树下坐禅。可是无论走到哪里，一坐下来，都有声音干扰他，使他无法入定。这时禅师就起了一念瞋恨心——这些鸟和鱼实在太可恶了，令我无法禅修，我以后要上山吃鸟，下水吃鱼。由于这念瞋恨心所发起的恶愿，禅师来生果然投生为鸬鹚，上山捉鸟，入水捕鱼。

又过去还有一位禅师，临命终时，口流涎水，苍蝇飞来争食，这位禅师也起了瞋恨心，即投生为莽蛇。传说宋朝时候的秦桧，过去也曾经在地藏菩萨前做过香灯，只因他长远心不发，无明烦恼未能断了，故被瞋心所害而成为万世唾骂的一代奸臣。

上述这些例子，都是瞋心的报应。因为一念瞋心，而沦为异类，这是多么可惜啊！还有像社会上一些情杀事件，往往都是因爱成恨，甚至把别人毁容了，或是用暴力手段来对付变心的一方，仿佛一定要看到对方受伤害，才能消去心头之恨。这是多么可怕啊！其实，并不一定要发生让对方受到伤害的行为才算是瞋，只要是存有希望对方受伤害的心，就已经是瞋了。

瞋心是妄想心的一种。古德说："凡夫成佛真个易，去除妄想实为难。"所以，我们每一个学佛修行的人都应该断除瞋恨心。如何断除呢？就是要修慈悲观、修忍辱度，所谓"慈能予乐，悲能拔苦"。慈悲观，就是慈悲一切众生的观法，为"五停心观"之一。当我们明白到，一切众生都是我们过去的父母、眷属，都是未来的佛，自然会生起"无缘大慈，同体大悲"之心，就不会有恼怒众生的想法。我们有了这种慈悲心后，即使别人对自己有损害的地方，也能宽恕和容忍。宽容就是"忍辱"，而"忍辱"是菩萨"六度"之一，"佛说无为最，忍辱第一道"、"莫大之祸，皆起于须臾之不能忍"。是故，能够忍辱的人，就是一个有涵养的人；学会了忍辱的功夫，就能找到对治瞋心的方法；修得了涵养的功夫，就能息灭无明瞋恚的火焰。无明瞋恚之怒火能将我们的一切功德烧毁，所谓"一把无明火，烧灭功德林"。涵养功夫很深的人，他不会发无明怒火，见到一切善恶顺逆境界，亦不会动心。

常言道："小不忍，则乱大谋。"因此，我们学忍让，必须从每件小事开始，形成习惯，如果小事不忍，一遇大事则想忍就很难了。世间有大成就的人，都是有忍辱功夫的人。古语云："韩信受胯下之辱，张良有敬履之谦。"我们学佛，所学的正是出世间法，又怎能不谦卑、不忍辱呢？释迦牟尼佛过去世曾为忍辱仙人，身体被节节支解都不生任何瞋恨心，我们为了些微小事就大动肝火，实在太不应该了。

正如憨山大师《醒世歌》所说："吃些亏处原无碍，退让三分也不妨"。面对过去冤家、仇家逆境的考验时，应布施慈悲喜舍，或思惟"报冤行"，不怨天，不尤人，以德报怨，甘心承受，处处以慈忍来对治瞋心——慈悲心能令我们心量扩大，产生容人的雅量，可以化干戈为玉帛，化暴戾为祥和，解冤释结，化火焰为清凉。若能进一步明白众生与己身真如平等、自他无二，就能做到冤亲平等，不念旧恶，不憎恶人。如此学佛，才会有真正的利益与收获。

忍辱是一种美德，可以增长福报。所以如果有人欺负你、冤枉你、毁谤你、污蔑你，你不必伤心，而且要感到欢喜，因为它能为你消除业障、送来福报。所谓"清者自清"、"邪不能胜正"。《金刚经》亦说："若善男子善女人，受持读诵此经，若为人轻贱，是人先世罪业，应堕恶道，以今世人轻贱故，先世罪业，则为消灭，当得阿耨多罗三藐三菩提。"我们修学正法，行持正道，将来必得无上正等正觉，你说利益大不大？所以，我们学佛之人一定要学忍辱，要难行能行、难忍能忍，将来必定成菩萨、成佛。

学佛之人一定要学忍辱，要难行能行、难忍能忍，
将来必定成菩萨、成佛。

何处觅心安？
——佛教安心之法

说到佛教的安心法门，相信很多人都会想起禅宗初祖菩提达摩与二祖慧可的公案，这实在是一个非常感人且深具启发性的故事：

传说于北魏孝明帝神龟三年（公元520年）十二月，河南嵩山大雪纷纷，天地苍茫，一片银装素裹。一位名叫神光的禅僧为了求法，不避天寒地冻，冒着风雪来到了嵩山少林寺。他要拜访的，就是那位不远万里，泛海东来的印度高僧菩提达摩。

菩提达摩最初抵达中国的广州，因与当时的梁武帝萧衍法缘不契，便渡江北上，来到少林寺面壁修行。神光听到他的名字，内心非常向往，便不畏艰辛前来求教。当他来到达摩面壁的岩洞时，达摩祖师正在神游太虚，修习禅定。

神光不敢打扰，便肃立在风雪之中，静待达摩从定中醒来。不久之后，身上便渐渐地披满了白雪，俨然成了雪人。

达摩祖师自定中悠悠醒觉，见到神光静立雪中，便问道："你一直站在雪里干什么？究竟有什么心愿呢？"神光回答道："愿师父开甘露法门，拯救众生。请您教我佛法吧！"菩提达摩说："三世诸佛为求无上妙道，不惜花费千万劫的时间去修行，凭你这点决心就想得到佛法，恐怕是很难如愿的。"

神光见达摩祖师不肯传法，便挥刀斩掉自己的左臂，以表明自己求道的决心。达摩祖师见神光的求道之心如此坚决，深深为之感动，便收下这位立雪断臂的弟子。

那时，神光问达摩祖师说："弟子心中不安，请老师为弟子安心。"达摩祖师回答："你拿心来吧。只要你把心拿来，我便与你安心。"神光心中一愣，突然有所领悟，立即回答道："弟子找了好久，可就是找不出心来。"达摩祖师微微一笑，说："假如你能找到的话，那又怎能算是你的心呢？好了，我已给你安好心了，你知道了吗？"神光心中的不安经达摩祖师一问早就消失得无影无踪了，他高兴万分，连忙回答："弟子明白了！"

经达摩祖师这句反问，神光豁然开朗，真正觉悟了。神光那颗不安的心，其实不过是凡夫心，是杂念污染的妄心，他求达摩祖师为他安心，就是未曾领悟到自性的清净真心。达摩祖师不作正面回答，而是为神光出难题，反问于他，让他找出自己的心来，正是要藉神光自己的智慧开发他自己的悟性。让他明白到，真心是无形、无相的，是了不可得的。神光被此一问顿时觉悟——他那颗不安的心也就安定下来了，当下已超越了安与不安，把一切的世俗杂念都抛诸脑后了。

神光后来改名为慧可，成了禅宗的二祖。达摩祖师这套善巧灵活的教学方法也就被承继下来了。公元559年，有位居士前来拜访慧可大师，他对慧可大师说："我大概是前世作业太多，才为风疾所苦，请大师为我忏罪。"慧可大师想起自己当年的情景，便对这位居士说："请你把罪拿来吧，我替你忏悔。"那位居士沉吟良久，说："我找了好半天，却没找到罪啊！"慧可告诉他："我已替你忏罪了。"那位居士由此大悟，开心地说道："我明白了！罪这种东西既不在内，也不在外，更不在中间。人心亦然，与佛法本来没有差别。"于是便跟随慧可大师出家，取名僧璨，成了禅宗三祖。

三祖僧璨大师后来也采用了这样的教学方法，当四祖道信来拜访他，求他指示一条解脱门路时，僧璨大师反问："是谁绑住了你？"道信回答："没人绑住我。"僧璨大师告诉他："既然谁也没绑住你，那你就已经解脱了，为何还要求解脱法门呢？"
道信言下大悟。

上述的公案，说明了所谓的不安、罪业、束缚，一切种种的
感受，都不过是人的一种心境。看不透，人便会为之牵累，终日
痛苦不堪；但若看透了，则可放下它们、超越它们，过一种消遥
自在的快乐生活。

反观今日世界，随着社会发展的快速变迁，多元而混淆的价
值系统、复杂的人际关系、日新月异的科技知识，使得现代人在
不断地与时间、体力、工作量、新知识与科技赛跑的过程中疲于
奔命。生活中每个层面几乎时刻都会改变。工作、家庭、亲人、
朋友，无一幸免。生活一天比一天复杂，而各种改变一浪接一浪
无情地汹涌而至，为人们带来无尽的压力——世间哪有安身、安
心之处？

其实，从佛法的角度来看，压力绝对不是来自外境，而大部
份是源于自心，也就是自己给自己的。虽然我们已经多少理解无
常、无我的道理，但由于无始劫来的无明，在心理上却对无常、
无我有一种根深蒂固的抗拒感。我们想要、想追求的是常、是永
恒、是期待永远不变的安全感。我们深信可以掌握外境，可以主
宰自己的命运，于是消耗了大量的精力去加强那份用来抵挡无常、
抵挡不如意、不顺心的力量，而继续执著于拥抱永恒的梦想。

所以当我们的凡夫心与因缘和合的情境接触时，由于执取这一切都是真实的，因而生起常乐我净的颠倒，于是"渴望企求未得到的，或想要得到更多，以及想要去除不合乎自己企求期待的；另一方面又害怕失去已得到的，失去后又引起忧恼。"由于我们拒绝面对现实，不愿接受生命的真实面目；由于承受力量的心智不足，便形成了压力；由于心智不足又再引发烦恼情绪，成为新的压力源，如此恶性循环，压力自然就会越来越大。

佛法的安心之道，是求心不求境，不去改变外境，而只向内对治烦恼的根源：一方面去除压力源头的非理性情绪，一方面增长能承受压力的心智。运用佛法简易纾解压力的方法，其主要思考方向分为：(1)降低压力源；(2)增广心智。事实上，我们无法改变压力的源头，所以唯有增长自己的心力与智慧，改变生命目标、生活方式及生活形态的宽心之道，这才是佛法的安心法门。

我们都知道，除了物质的食粮外，人们还需要精神的食粮，各类的专业咨询、心理辅导，都可以说是精神食粮的一种。而佛法中即有四食的观念，可以具体归纳演绎出各种舒缓调适之法，矫正现代人压力过重的生活形态。

如《瑜伽师地论》九十四卷云：有四种法，于现法中最能长养诸根大种。云何为四？一者气力，二者喜乐，三者于可爱事专注，四者希望。喜乐、专注、希望之所依止，诸根大种，并寿并暖安住不坏。如是四法，随其次第当知，别用四法为食：一者段，二者顺乐受触，三者有漏意会思，四者能执诸根大种识。当知此中，段与现法气力为食。由气力故，便能长养诸根大种，能顺乐受诸有漏触，能与喜乐为食。由喜乐故，便能长养诸根大种。若在意地能会境思，名意会思，能与一切于可爱境专注、希望为食。由专注、希望故，便能长养诸根大种。由能执受诸根大种识故，令彼诸根大种，并寿并暖与识不离身为因而住。是故说识，名彼住因。由彼故，气力、喜乐、专注、希望依彼而转。如是四食，能令已生有情安住。

由此可知，我们生活中，不只所吃的食物，还包含六根所接触的一切事物：眼睛所看的颜色、耳朵所听的声音、鼻子闻到的气味、身上所穿的衣服等等，都可以说是我们身心的粮食之一，只要谨慎于我们吃进去的物质和吸收进去的精神食粮，对压力的舒缓，身心的健康，都会有相当的帮助。

寂天菩萨曾经说过："如果问题解决得了，何必担忧？如果问题解决不了，何用担忧？"我们无法改变外在大部分的事物，只能控制自己对它的反应。凡事尽力之后，便顺其自然，只问耕耘，莫问收获。上述舒缓的方法实在不无道理。

此外，各种放松运动亦有益于舒解身心的疲累，以及增强心力与体力；而适当的饮食及保健，确实会增强人的耐力；对转移

"如果问题解决得了，何必担忧？如果问题解决不了，何用担忧？"

负面消极的想法也有不少的帮助。但是，这些都只是针对某一层面的暂时舒缓与转移，充其量也只是治标，而不能治本。所以，更进一步，应当是觉察、反省自己的压力的来源，并归纳其惯性的反应模式，重整我们的生活形态，并增强我们的承受能力，这才是有效的宽心之道。

人生于世，谁能没有痛苦、不安、抑郁和忧愁？各种束缚限制必然萦绕在我们的左右，伺机在我们心中掀起阵阵涟漪，甚至是巨浪波涛。倘若沉溺其中，为之所累，如此的人生又有何欢乐可言？因此，唯有依于佛法，反求诸己。心境的改变，即是正报的改变，依报自然亦随之而转，这样才是真正解决之道。而依于缘起的义理，这就是四谛中离苦得乐的"道"谛，也就是"诸恶莫作，众善奉行，自净其意，是诸佛教"的"戒、定、慧"三增上学。戒可以保护我们这一念心，不要做出伤害自己乃至别人的事情，从而降低压力、烦恼的来源。定能够增长我们心的能力，能够面对无常变化而沉得住气，才能有空间作出理性的思维。慧即依于真理，作出正确的抉择。

佛法的道理实际上就是一种处世待人的原则，让我们在不安、不愉快、不圆满的人生中，保持轻松、放下、愉快、清明的心景，让我们把世俗的情牵物累看得更轻、更淡一些，让我们的心情更洒脱、更自在一些，以赤子之心去过真实的生活、去体会真实的人生。这就是佛法的入世意义之所在。

一粥一饭　当思来处不易

——分粥的启示

　　自从佛陀创教后，僧团逐渐形成独特的组织和制度。传入中国之后，东晋道安大师制定了中国佛教第一部僧制亦是清规的《僧尼轨范》，到了唐代又有百丈怀海禅师创立了《百丈清规》，于是丛林便有了在日常生活、修持、行事准则与语言表达上，可兹依循的礼仪规范。中国的僧团因此走向制度化、合理化的僧伽生活。例如明定四十八单职事，各司其职，使得寺务运作组织化、系统化；又订定各种修持行仪、日用轨范等，使得僧众具足威仪，心不放逸，身不踰矩。尤其设立住持一职，领众熏修，综理寺务，丛林规模于焉建立。可惜《百丈清规》一书历经时代更迭，今已散佚。现行通用的《敕修百丈清规》，是元代江西百丈山住持德辉大师奉敕重新编修的。

在融和原始戒律与现实生活而制定的清规之下，千百年来，佛门中人以典雅的丛林语言与行止待人接物，一直维持着僧团的清净与和谐。由此可见，制度、礼仪与规范之重要。而僧团内的僧人，其一言一行，一举一动，都会互相影响，互相启发，教人反省，值得深思。就好像以下的例子：

觉严老法师最近接纳了五个年轻弟子，他们来自各地，出身也不尽相同，习惯、爱好、性格差异也很大。这五个弟子自从进入佛门剃度为僧后，修行念经还算是认真、虔诚的，但自私自利的旧习依然没有根除，比如好占小便宜，斤斤计较，唯利是图等，常常因为一点小事争吵不休，尤其是在吃饭、分菜的问题上，更是矛盾重重。由于当时寺内经济困难，粮食甚少，蔬菜也不多，往往因为谁分得多一点、谁分得少一点而起争执，闹得不可开交。

于是觉严老法师便把五个弟子唤来，慎重地对他们说："你们因为吃饭的问题常常争执，不但破坏僧团的和合，而且浪费很多的时间，这样下去不是办法。从今日开始，你们自己想想有什么好方法来分粥，令到大家都觉得是最好、最公平的，以后我们就以这个方法来实行。"

五位年轻比丘一起议论，各抒己见，集思广益，先试行第一种方案：选出一人担任分粥工作。没过几天，发现这位分粥法师碗里的粥比其它四人多出很多，大家都认为他不公平，于是就换了另一位法师来分，其结果也和第一位法师一样——他自己的粥最多。这个方法显然是行不通了，唯有停用。

大家只得推出第二种方案：五人轮流分粥，每人负责一天；以为这样就每人都有分粥的权利，人人都平等了。可是，每天只有一个法师吃得挺饱，其它四个皆不满意，所以这个方案很快也被取消了。

于是，第三种方案诞生了：大家推选一个最老实、最厚道的法师主持分粥。头两天还算公平合理，分粥均匀，人人的碗都一样满，大家挺高兴。但是好景不长，没过几天，发现平时和他关系最好的法师碗里的粥较多，而他自己的粥也多。因此，这个方案也是不行的，只好再次被推翻，重新寻找更好的方案。

第四个方案应运而生：一个人分粥，一个人监督。开始时很顺利，分粥平等，皆大欢喜。三天之后就露馅了——分粥的法师与监督的法师意见分歧，先是吵架，接着恶骂，最后动手打起来，就连盛粥的勺子也当做武器抢起来了，结果头破了、流血了，锅里的粥都撒了，大家都喝不上，五个法师饿肚子了！

无奈之下，又想出了第五个方案：每个人轮流值日分粥，要求分粥者给别人分完最后才分给自己。分完粥后，就会发现——

这五碗粥是一样多的，不存在谁多谁少的弊端了。这种方法分粥，人人认可，大家都感觉到：公开、公平、透明，没有偏差，没有意见，没有私弊，而且开始反省到"一粥一饭，当思来处不易"，寺院的粮食很多时候都得依靠十方来供养，如果心存自私的想法，所谓"三心未了，滴水难消"，又怎对得起师父、对得起斋主？从此大家也就少计较、多做事，一团和气了。

世人、世事就是这样，凡事先考虑别人才考虑自己，把别人放在前面，把自己放在最后面——把"自我"放低、放下，自然能逐渐减轻甚至是消除自私、自利的想法和做法。如此，所有的纷争、分歧自然也就消失，不但僧团内可行，社会团体、组织里亦复如是。有了既定的方案、规范，就能使人人循规蹈矩，有所遵循，避免矛盾，免生是非。小至一个家庭，一个小区，一家企业；大到一县、一市、一省，甚至一个国家，有了合理的方针政策、法律法规，自然能够健康有序地发展，从而达到和平世界、和谐社会的最高目的。

佛珠掉了　佛心仍在
——学会承担

　　作为寺院的住持，也就是佛法的弘传者，身边总有一些弟子及办事人员，他们日常要面对、要处理的事情可真不少，要能把所有事务处理好乃至是弘法工作做好，确确实实是不容易，而当这些弟子及人员面对人我是非种种错综复杂的人际关系的时候，怎样才能教导他们、感化他们，令他们体悟为人处事的正确道理，从而有更深刻的自我要求、自我检讨及承担的勇气？为此，在一次寺内的法务会议中，我为他们讲起了以下的故事：

　　从前有间庙宇，被盖在一座大湖中央。大湖一望无际，庙中供奉着传说中菩萨戴过的佛珠链子，庙里只有一艘小舟供法师们出外补给食粮或物品用，外人则无路接近，因此庙内显得特别清净，而这佛珠链子放在湖中庙内，更感珍贵与安全。

这间庙里，住着一位老和尚，带着几位年纪较轻的法师修行。法师们都期望能在这个山清水秀的灵境中，加上菩萨链子的庇佑下，早日修道圆满。这几位法师澄明专志，潜心修炼，直到有一天老和尚召集他们说："菩萨链子不见了！"

法师们都不敢置信，因为庙中唯一的大门二十四小时都由这几位法师轮流看守着，外人根本无法进来，所以，佛珠链子是不可能不见的。法师们议论纷纷，因为他们都从法师变成了嫌犯。

老和尚安慰这群法师，说他并不在意这件事情，只要拿去的人能够承认犯错，然后好好珍惜这串佛珠链子，老和尚愿意将链子送给他。因此，老和尚给他们七天时间去静思。

第一天没有人承认，第二天也没有，但是原来互敬共处的法师们，因为彼此之间产生了猜疑，已不再交谈了，令人窒息的气氛一直持续到第七天，还是没有人站出来。

老和尚见没有人承认，便说："我相信各位都是清白的，很高兴知道你们的定力已够，佛珠链子不曾诱惑到你们，明天早上你们就可以离开这里，这个时期的修行可以告一段落了。"

　　隔天早上，为了坚持表示自己的清白，法师们一大早就背着行囊，准备乘坐小舟离开，只剩一个双眼失明的瞎和尚依然在菩萨面前念经，众法师心中松了一口气——终于有人承认拿了链子，让冤情大白了。老和尚一一向无辜的和尚道别后，转身询问瞎和尚："你为什么不离开？链子真的是你拿的吗？"瞎和尚回答说："我是为修养佛心而来的。佛珠掉了，但是佛心还在！"

　　"既然没拿，为何留下来承担所有的怀疑，让别人误会是你拿的？"老和尚再问。

　　瞎和尚回答说："过去七天中，彼此的猜疑，实在是很伤人心，既伤害自己的心，也伤害别人的心，必须有人承担，这个伤害才能化解。我没有离开，只想表示无论佛珠链子在不在，我的佛心都没有动摇过。"

　　这时，老和尚从袈裟中拿出传说中的佛珠链子，戴在瞎和尚的颈上："链子还在，从来都没有失去过——不动的心，才是最大的承担啊！"

　　这个故事告诉我们，世间的是非黑白，很多时候是难以说清楚的，但是凡事只要问心无愧，外在的讥、毁、称、誉、苦、乐，乃至于名、利、得、失就不会影响到我们、动摇到我们。有了这样纯正、坚定的心志，我们才能立稳脚跟、安心办道，才能累积了生脱死、成佛作祖的资粮。

凡事只要问心无愧，外在的讥、毁、称、誉、苦、乐，乃至于名、利、得、失就不会影响到我们、动摇到我们。

向佛祖借钱

岁末寒冬，新年将至，相信普天下间无论有钱或贫穷的人，都盼望能度过一个快乐吉祥年。有钱人丰足充裕，自然是添物添衣，应有尽有，但是贫穷的人，家涂四壁，三餐不继，仅够糊口，又怎能不忧？所谓"年关难过年年过"，如何度过年关？确实是不容易！

所以，每年这个时候，特别多盗贼小偷，政府都会忠告市民要小心门户，慎防失窃；而去到人流密集的地方，更要加倍留神，保护身上的财物，以免遭受抢劫。当然，我们出家人，生活简朴，没有什么值得人家偷的，所以即使是小偷来了，也没有什么好害怕。这令我想起了以下的一则故事：

七里禅师是一位有道的高僧，每天讲经说法之余，都在佛殿里打坐参禅。某年将近岁晚，一天半夜的时候，小偷来了，他把佛殿的大门推开，一看："咦！竟然有一个人坐在那里，动也不动，应该是睡着了吧！那就不怕了。"于是蹑手蹑脚进去，开始翻箱倒柜，终于在功德箱里发现了一点点钱。

小偷就要走出大门的时候，七里禅师喊着："喂！站住！"

小偷吓了一跳，停止脚步，想听听禅师说些什么？

"你拿了佛祖的钱，怎么不说一声谢谢就走呢？"

小偷心想：这好办！于是应声说："谢谢！"然后转身就走了。

过了几天，警察带着小偷来到七里禅师的寺院里查证。原来，这天小偷到别处窃财，被警察逮到，在拘留所里，他一并招供偷窃七里禅师钱财的事。

七里禅师对警察说："没有这回事，他没有偷本寺的钱。"

警察说："禅师！您不用替他辩白了，他自己都承认了。"

"真的！我记得前几天晚上，是有见到他来这里，但是他是来向佛祖借钱，没有偷钱。不信你可以问他，他是向佛祖道谢以后才离开的。"小偷无言以对。

小偷服刑以后，有感于七里禅师的慈悲、宽容与爱护，特地前来忏悔，并且拜他为师父，跟随他学佛修行。

这是多么感人的故事呀！在此岁晚之际，我们是否应以禅师的教化来自我警惕，并作一番自我检讨？我们在过去一年里，是否做过不问自取的事情，而取了之后连一声"谢谢"都没有说？

禅师之所以没有指证小偷的罪行，不是说偷之行为值得鼓励，而是希望引起他发自内心的反省——即使别人没有说你犯错，但是你要抚心自问，自己是否真的没错？而当一个人，真正良心发现的时候，就会懂得知错、懂得忏悔，从而改恶向善，改邪归正。这就是佛祖的包容，更是佛法的慈悲。佛法最伟大的地方就是不舍弃任何一个众生，七里禅师确实是做到了，当一个人最需要帮助的时候，就毫不犹豫地给他帮助，当一个小偷需要钱财的时候，就毫不吝啬地给他一点小钱，但是这个钱不是白给的，因为钱里面所含藏的是慈悲、智慧与包容（当然还有因果在内），这就是佛祖最好的教诲。

放下自我天地宽

我们都知道佛教的根本精神在于自利利他，而要利他，就必须先将自己做好，自己做好了，才有能力、资格去帮助他人、利益他人。因此，佛陀一切的教化，无非是教我们如何做人——如何做一个好人，从一个好人出发，然后不断努力、提升，逐步成为一个贤人、一个圣人、一个罗汉、一个菩萨、一个佛。所谓"人成即佛成"，就是这个道理。

所以，佛教修行的主要目的，就是培养我们每个人内在的慈悲心。慈悲是一种力量，有了这份力量，我们就可以去帮助别人——别人的快乐就是我们的快乐。这种崇高的品德，其实就是菩萨道的精神。菩萨的特质，就是时时刻刻都不忘众生的痛苦，心心念念都想着利益众生的方法。因此，如果我们想成为菩萨的话，就必须向菩萨学习——唯有透过利益众生，才能成就自己、圆满自己，这也就是菩萨道的实行。

菩萨道要如何实践？首先，我们要学习观照自己的内心、修养自己的内心、增长内在的慈悲——简单地说，就是先把自己做好，通过自身、自心的提高，从而认识自己的优缺点，在日常生活中，多向善知识学习，取长补短，然后将自己所学的、所拥有的，拿出来去帮助别人、去解决别人的困难苦忧。

由于菩萨是上求佛道，下化众生的行者，他所做的一切都是从菩提心及大悲心出发，都不是为了自己，而是为了别人，所以菩萨对于自己是没有执著的，菩萨是无私的、是无我的。

有一位智者曾说过："凡事如果能放下自我，站在别人的角度为他人着想，这就是慈悲。"然而，现今是功利社会，每个人都把自我看得很重，凡事都从功利着眼，处处只识得自我保护，真正能站在别人的角度为他人着想的，实在少之又少。因此，佛教的利他精神，实有广泛提倡之必要。

以下的故事，内容所说的是对别人利益的考虑与自我执著的放下，其中有着深刻的启示：

相传古时候有一个人在沙漠里迷失了方向，他饥渴难忍，濒临死亡，但仍然拖着沉重的脚步，坚持一步一步的向前走，终于

有一位智者曾说过："凡事如果能放下自我，
站在别人的角度为他人着想，这就是慈悲。"

在沙漠中找到了一间被废弃了很久的小屋。

他在屋子的前面发现了一个吸水器，可是却滴水全无。正当他无可奈何之际，忽然又发现旁边有一个水壶，壶口被木塞塞住，壶上有一张纸条，上面写着："你要先把这壶水灌到吸水器中，然后才能打水。但是请你离开这里之前一定要把水壶灌满。"

他读完之后小心翼翼的打开了水壶塞，里面果然有一壶水。

这个人此时面临着一个艰难的选择：如果按照这张纸条上所说的把那壶水倒进吸水器中之后，吸水器仍然吸不出水来，自己有可能被活活的渴死在沙漠中；如果马上把这壶水喝下去就可以保住自己的生命，但是那样做，后来的人到达这里时就没有任何希望了。他犹豫了一会儿后，一种奇妙的灵感给予了他力量，他决心按照纸条上所说的去做，果然从吸水器中吸出了清纯的泉水。于是他开心喜悦并痛快地喝了个够!

休息了片刻之后，他把水壶装满水、塞上壶塞，又在纸条上加写了几句话："请相信我，纸条上的话是真的，你只有想到别人，然后把生死置之度外，才能尝到甘美的泉水。"

放下自我，为他人付出是一种美德，是一种高尚的思想境界——这也就是菩萨道精神的体现。当一个人真正放下自我的时候，辨别真假的智慧就自然会涌出，他必定可以得到意外的惊喜和收获。

人世间的事，虽然并不是每一次付出就会即时获得回报，但是只有付出之后才可能有回报，才能尝到泉水的甘美。佛法的修行，何尝不是一样呢？

苦从何来

大家欢喜！每次看见大家、感受到大家听法的热情，我都会非常的感动，因此无论多么的忙，我总希望能跟大家多讲几句话。虽然我讲的大家不一定能够全部明白，但是耳濡目染多了，时间久了，只要大家肯发长远心，我的鼓励，就会成为大家修行路上的助缘。

大家都知道，我们赖以生存的这个五浊恶世，是充满痛苦的，但是这许多的痛苦，到底是从哪里来的呢？比如说贪、瞋、痴、慢、疑等种种烦恼，是怎样形成的呢？所以，今天想跟大家讲一讲，到底人是从哪里来、又要往哪里去呢？因为我们学佛人如果不知道生从何来，死往何处，就会迷失方向，就会找不到人生真正的价值与目标。可能很多人会以为，烦恼是从烦恼中来的；但若再追问烦恼到底是什么呢？那就没有办法回答了。

我前一段时间，看了一本书，里面谈到"苦"的问题；其中有一个公案说，从前，有一个不务正业的人，生活非常的潦倒，已经到了穷途末路的地步，由于没有办法，他就偷了一个出家人的衣服，假扮出家人到处去化缘。我们不时会看见很多车站、路口都有这种化缘的出家人，他们通常都是社会上一些不良分子或游手好闲的人，假扮僧侣拿着引磬在那里敲打，向路人化缘。这个人正是这样，打扮成一个出家人的模样，到处去化缘，有一天，他来到一对孤苦无依的老夫妇家里，这对老夫妇生活也是非常的贫困，而且身体也有病，三餐都难以维持。这时看见一个和尚站在门外，却不知道他是假扮来化缘的，于是便很恭敬、很客气地请他到屋里来坐，而且非常恳切地请这位法师为他们开示。由于这个假和尚根本没有念过经、也不懂佛法，如何能为别人讲道呢？于是当下急得满头大汗，没想到做了和尚却遇到有人求开示，却一句都讲不出来，于是觉得自己很苦，便突然说了一句："苦啊！"这个苦不是说老夫妇他们，而是说自己做了假和尚还是那么的苦。刚说了一个苦字，老太太就说了："对呀！对呀！真是苦呀！"实时就跪在地上不肯起身；假和尚吓坏了，不知道说什么才好，就说："难啊！难啊！"其实他不是说人家，而是说自己。老太太听了以后，觉得这个大师真的了不起，心想：对极了，真是又苦又难呀！

人生里头就是有那么多的苦、那么多的难。对一般人而言，人生大部分的时间，都是在苦和难中渡过；而这难和苦，不是身体上的，而是心灵上的。如果是身体上的苦，睡一觉到第二天便没有事了，最难的是我们心里感觉到苦，而这种苦却又没有办法断除、降伏。所以，我们应该学习佛陀的教诲，从中找到离苦得乐之法。

常言道："人非圣贤，孰能无过"。所谓不怕人犯错，只怕不改过。修行就是修正自己的错误。只要诚意忏悔，改过迁善。一样可以修得正果。有这样一个故事：

有一个独生子，自幼倍受父母溺爱，由于望子成龙心切，父母为他准备了很多良师益友。让他跟随良师益友学习，期盼长大后能做一番事业。但事与愿违，独生子生性傲慢，缺乏恒心毅力，不肯努力学习，几年过去依然一无所获，无奈的父母只好教他理财治家。孰不知财富为五家所有（五家指官府、盗贼、不肖子孙、水灾、火灾）。

独生子不依教法，背道而行，吃喝玩乐，赌博嫖妓，不事产业，竟然变卖家产大肆挥霍，很快家道中落，沦为穷汉，整日四处游荡，蓬首垢面，不修边幅，肮脏落魄，人见人厌。遭此窘境，他非但不知反省检讨，反倒埋怨父母，责怪师长，迁怒朋友，甚或怨恨祖宗、神灵不肯庇佑，才落得这般田地。他心想："听说佛陀有大智慧，何不向其学道，或许可以得到一些利益。"

他来到佛的精舍，向佛陀礼拜，言道："佛陀啊，您的教法广大，可以包容所有的人，请允许我做您的弟子吧！"佛陀说："要想学道，必得力行清净的行为，尔今仍存种种恶习，如同身染污垢，若不改过，虽跟我修行，亦是无益。莫如你先回去孝顺父母，研习师训，精心治理家业，令家里富足；尤为重要的是检点自己的言行、仪容，合于规矩，做事专心致志，勤勉精进，方能步入正道。"世尊随机为之诵一偈语："不诵为言垢，不勤为家垢，放逸为事垢，悭为惠施垢，不善为行垢，今世亦后世，恶法为常垢。垢中之垢，莫甚于痴，学当舍此，比丘无垢。"

独生子醒悟自身骄慢、愚惰等恶习，喜欢遵从佛陀之教导，一心皈命，诚意忏悔。回家反复参悟偈语之涵义，身体力行，不但孝顺双亲，礼敬师长，诚诵经典，勤奋治家，并以戒法严格规范言行，凡属不合正道之事坚意不做。亲戚朋友见其幡然改进，无不慨叹，随之他的美名扬播遐迩，成为世人心目中的贤者。

三年之后他跪伏佛前，恭敬禀道："世尊，过去三年我谨遵您的教导，礼敬父母、师长，规范自己言行举止，改恶行善，弃旧图新，特恳请佛陀慈悲，允我出家修行。"佛陀慈悲应允，独生子落发出家，现出清净庄严法相。入佛门后，他日益精进，思惟止观、四圣谛及八正道之法理，不久即证得阿罗汉果。

正所谓"金无足赤，人无完人"。有了缺点、弊病、恶习并不可怕，只要遵从佛陀教诲，虔诚学佛，奉行正道，诚意悔过，必能浪子回头，修得正果。

修行何处不道场

修行何处不道场？
——若得心静　处处皆静

　　有一次，西方寺"八关斋戒暨精进念佛法会"过堂开示结束之后，其中一位戒子跑来向我请教。她说自己初学佛不久，很高兴这次能有机会来到香港参加八关斋戒，由于这是第一次，所以对寺院及法会中的一切特别感兴趣，可是每到念佛、静坐之时，总觉得内心静不下来，东想西想，妄想纷飞，觉得十分惭愧，所以特别向我请求，希望我能教导她一些安心、静心之法；于是我为她解说了以下的内容：

　　禅宗第四代宗师道信禅师将法器传授给五祖弘忍之后，一个人云游四海，访道结友，度化与佛教有缘之人。有一天道信离开了黄梅的双峰山，独自撑小舟顺江而下，来到白下（即今南京所辖区域），他弃舟上岸，信步走上牛头山幽栖寺。这里风光秀丽，五色祥云笼罩山头，古木葱茏，花草芬芳，清静幽雅。他步入山门，见寺内一僧人，问道："庙里可有修道之人？"僧人心中顿感不悦，暗想：出家人都是修道人！何有此问？于是用轻蔑的目光斜视着问话的老和尚，声音微带着责备的口吻说："这里全是修道之人！"

道信禅师只是淡淡的一笑，"请问，哪位修道人修得最好呢？"被问的僧人并未马上回答，倒是另一位年长的老僧听到了，稍加思索，恍然大悟地拍一下大腿说："有！您从这里再往深山更深处走十里，有个叫法融的和尚独居于那里。"老僧又详细说明了此人的修行情况："他整天坐禅，不理睬别人，也不起身迎送，为此大家都叫他'懒融'。有人看见他打坐时，有白猿献果、百鸟献花的神异现象。您是不是找他呀？"

"正是。"道信禅师按照老僧指引的方向寻径而往，果然见到'懒融'；道信到来，他并不理睬，如同视而不见，听而不闻，照旧端坐不动，稳若泰山。

道信禅师问："你坐着干什么呢？"

"我在观心。"法融回答道。

"观是何人？心为何物？"道信禅师再问。

法融无以应对。之后互相通了法号。法融得知面前这位就是大名鼎鼎的高僧道信禅师，于是不敢怠慢，连忙站立起来施礼，表示尊重、敬仰。

此时，山中本是极其幽静，而道信禅师却故意问道："还有什么地方比这里更安静呢？"法融并未理解道信禅师这句话的玄机，只是表达他平日独居于茅草庵中所领悟到的安静，以为这里就是最安静的地方。

道信禅师浅笑着摇摇头，什么也没有说。

其实道信禅师言外之意是：人在任何地方都可清静，只要你的内心是清静的，身在何处都一样，何须躲进深山无人之处去寻找清静呢！

正如《维摩诘经·菩萨品·第四》中所说：人生修行，何处不是道场？

经文说到：佛陀对光严童子说："你到维摩诘那里去探病吧！"光严回禀佛陀："我恐怕不能去他那里探病哩！""为什么呢？""回忆往昔的时候，一次我正走出毗耶离大城，而维摩诘

人在任何地方都可清静，只要你的内心是清静的，
身在何处都一样，何须躲进深山无人之处去寻找清静呢!

恰好进城。"我便向他行礼问询："居士您从何而来？"他回答说："我从道场来。"我问他："道场是指哪里呢？"

他回答说："直心便是道场，因为内心质直，于外部也就不流露虚假，这是一切万行的根本呀。发心修行便是道场，因为这样才能成就善事呀；有深厚信心就是道场，因为如此才能增长善德的缘故；菩提心就是道场，因为真正之心没有谬误的缘故；布施是道场，因为布施不指望得到报答的缘故；持戒是道场，因为依此志愿才能得成就的缘故；忍辱是道场，因为悲悯众生为愚痴所缚，心中无挂碍的缘故；精进是道场，不懈努力永无倒退的缘故；禅定是道场，调伏自心使其柔顺的缘故；智慧是道场，一切诸法尽现跟前，了无差别的缘故；慈心是道场，平等爱护一切众生的缘故；悲心是道场，救拔众生苦难不辞劳苦，永无怨恨的缘故；欢喜心是道场，与一切行善众生同喜法乐的缘故；舍离心是道场，断除憎恨与爱欲的缘故；神通是道场，能得六种神异本领救济众生的缘故；解脱是道场，能获八种背舍，恶业不生的缘故；方便是道场，能随缘教化一切众生的缘故；四摄是道场，以布施、爱语、利行、同事争取一切众生向道的缘故；多闻是道场，听说且能修行的缘故；伏心是道场，依理正观，行事自求符理的缘故；三十七道品是道场，循此可以斯受生，除有为法的缘故；四谛道理是道场，苦、集、灭、道确实显示世间真相和出路的缘故；缘起是道场，无明至老死永无尽头，不断循环的缘故；诸烦恼是道场，知道烦恼亦不离如如实性的缘故；一切众生是道场，由众生才知五蕴和合其实无我的缘故；一切诸法是道场，知道其本性空寂，无别无异的缘故；降伏众魔是道场，本心原不动摇的缘故；三界是道场，成道并非离三界而别有趣向的缘故；狮子吼是道场，传佛法音无所畏难的缘故；十力、四无畏、十八不共之法是道场，所有如上功德有助道之功，而无过失的缘故；得证三明是道场，致此烦恼已断，障碍尽除的缘故；一念顿悟知道一切法即是道场，因为一切智在此一念间得以成就的缘故。

若能如此，善男子啊！菩萨若依据六种波罗蜜施行教化，度一切众生，则其一切所作所为，举手投足无不是道场，这样的话，菩萨就能安住于佛法之中了。

维摩诘这样演说佛法时，即有五百天人皆发心求无上正等正觉。

以上这一段经文，可以说实在把"道场"的意义说得太好、太透彻了！其实"道场"无所不在，亦无处不在，也就是在我们每一个人的"心"中；而心不离事，事不离心；由事显理，由理悟心，于是凡论事说理藉以修悟之处，乃至世出世间法等等聚会修行之所，皆可名为道场。

所谓"心清净，则见清净"；"菩萨欲得净土，当净其心；随其心净，则佛土净。"《佛国品·第一》只要我们的心是清净的，那么无论去到哪里都是清净的，又何须担忧这个"妄心"不能调伏?

　　所以，我回答这位戒子说，刚开始学佛修行，不要担心内心无法安静下来用功于道。若想坚定自己的信心，唯发无上菩提之心，同时更要"以戒为师"，时刻于身、口、意三方面下功夫。所谓"身三"：不杀生、不偷盗、不邪淫；"口四"：不妄言、不绮语、不两舌、不恶口；"意三"：不贪、不瞋、不痴，如此下定决心，改往修来，恒以"学而时习之"的态度来自励、自勉，日子久了，自然功夫纯熟，更上层楼。

真正的庄严
——人要庄严自己　还要庄严世界

　　"庄严"这两个字，我们常常都会听到许多佛弟子在说，如"法相庄严"、"妙相庄严"、"庄严殊胜"、"庄严国土，利乐有情"等等。"庄严"在佛教里面有着令人赞叹、敬仰的意义，以佛法来说，人不但要庄严自己，还要庄严世界；而庄严自己和世界的途径，不外修福、修慧，也就是福慧双修，不但自己清净，也要令整个社会变得清净，进而成就和谐世界、人间净土。

　　我们如何才能福慧双修，令到身心、世界都能庄严清净呢？《法句经》的〈喻耄品〉有两段内容，其中有很好的说明，可供现代学佛人警惕与学习。如能将之作为暮鼓晨钟来体验，必将是身心修行的一门有益的功课。

　　第一段是，佛陀在祇园精舍为四众弟子说法时，刚好有七位长者婆罗门从老远来学佛。他们成为沙门后，共住一室。不料，七人修持懈怠，无法体会无常，心里只想着俗世的繁荣享乐，整天谈笑喧闹，不懂人生短促。佛陀知道此事后，一天突然来到他们的房间，他们见到佛陀突然来到显得惶恐而愧疚；于是佛陀便对他们七人说法以示训诲：

　　"所有众生每天争吵，不知上进，不外倚仗以下五件事：一是自恃年少，来日方长。二是自恃相貌端庄。三是自恃身强力壮。四是自恃财富。五是自恃贵族特权。现在，你们整天谈笑放纵，不知道自恃什么呢？

　　当时，七人都楞住了，很久都答不出话来。于是佛陀便用以下的诗偈来教诫他们：

　　何喜何笑？念常炽然，深蔽幽灵，不如求定；
　　见身形范，倚以为安，多想致疾，岂知不真；
　　老则色衰，病无光泽，皮缓肌缩，死命短促；
　　身死神从，如御弃车，肉消骨散，身何可怙？

　　这时，七人听完了佛陀的开示后，心意得到了开解，从此洗心革面，端正身心，不敢放逸，精进向道。

第二段是，一日佛陀在舍卫国接受弟子们供养时，正好有一对老夫妇在行乞。佛陀知悉他们贫穷落魄的原因，便借机告诫弟子们："他们本是朝中大臣，有无数的财富，只因奢侈无度，才会落到如此地步。"

之后，佛陀又说："世间有四种时机，修道可以得福，免除一切苦恼。一是年少有力时，二是富贵有财时，三是得遇三宝好种福田时，四是常思万物无常离散时。"

当时，弟子及村人们闻此妙法，皆大欢喜，依教奉行。

由此可见，所谓庄严自己和世界，也就是体悟无常，珍惜积善修福的因缘，修养身心。《法句经》这两段话，指示得很清楚，庄严的实践基础，在于清净心、精进心、无懈怠心、惜缘惜福的心。凡是学佛的人，必须从这个基础做起，不止追求外在的庄严，而更重要的是内在的庄严。

另外，在《别译杂阿含经》卷一中也有一个很好的故事：

一天，在舍卫国祇树给孤独园，正当大众在聆听佛陀说法时，一位面容憔悴的比丘蹒跚地走到前方顶礼佛陀；接着，向大众合掌后，即在一旁坐了下来。

当时在场的其它比丘，不觉都兴起了厌恶的念头："为什么这位比丘看来如此憔悴，毫无威德可言？"慈悲的佛陀观察到比丘们的心念，于是问大众："比丘们，你们看见刚才向我顶礼的比丘了吗？"比丘们回答："世尊，我们看见了。"

佛陀告诉众比丘："你们千万不要看不起这位比丘，他已破除见思惑，漏尽烦恼，证得阿罗汉果，获得真正的解脱。所以，大家不应该轻蔑这位比丘，除非你们和我有一样的证量，才可以作出正确的判断。如果没有证到如来的境界，而是藉由外表来判断他人，对自己只是有损无益。"于是佛陀为大众说了一首偈语：

"孔雀虽以色严身，不如鸿鹄能高飞，
外形虽有美仪容，未若断漏功德尊。
今此比丘犹良马，能善调伏其心行，
断欲灭结离生死，受后边身坏魔军。"

在场的比丘们听了佛陀的开示，皆心开意解，欢喜奉行。

《佛说无常经》云："外事庄彩咸归坏，内身衰变亦同然，唯有胜法不灭亡，诸有智人应善察。"再美丽的容颜，抵不过无常，终归老死，庄严的彩饰，也不能让心得到清净自在。什么是真正的庄严与美丽？在于我们能善调身心，降伏自己的烦恼。当我们能真实面对自己，反省检讨，改正习气，让心清净自在，才能拥有真正庄严的生命，才能明了做人处事的原则，与利人利己的真谛。

以无厌心　为众生说
——世世常行菩萨道

我们都知道，若简单地说，所谓"学佛"即是以佛、菩萨作为学习、修行的榜样。然何谓"菩萨"？又何谓"菩萨道"呢？

"菩萨"一词乃印度梵语，全称为"菩提萨埵"，汉译为"觉有情"，意思就是发心上求佛道，下化众生，自觉觉他，自度度他的人。因此，具体而言，发信愿菩提心，起同体大悲心，具缘起空性慧，成为学佛必备的三纲要；而发菩提心作为自利利他的目标，更是学佛三要中的首要，成为菩萨资格的入门初阶。

菩萨依其功德和势力，在许多经典中，有不同的意义。《华严经》有开士、大士、力士、无上士等名；《菩萨地持经》有佛子、大师、大圣、大名称、大功德、大自得等诸义；《瑜伽师地论》有普能降伏、勇健、怜愍、法师等之说；《金刚经心印疏》说菩萨摩诃萨有七种广大的含义，以下略作说明：

一、具大根：由于众生根器、乐欲、所见、所闻等不同，而有顿、渐，钝、利等分别。佛陀为大医王，视众生根器的利钝，能应机说法，令其体解大道，发无上心。如《法华经·化城喻品》中，佛陀以权巧方便演说五乘佛法、大乘不共法等，调御二乘行人"回小向大"、"回自向他"，不以自了解脱为究竟圆满。

声闻以四圣谛为根，成四果位；缘觉以十二因缘为根，成辟支佛；菩萨则以悲智为根，成无上正等正觉。菩萨因为具有大慈悲、大智慧的根性，故能发四弘誓愿（众生无边誓愿度、烦恼无尽誓愿断、法门无量誓愿学、佛道无上誓愿成），勇猛不退。

二、有大智：菩萨的大智，正如《金刚经》所说"是法平等，无有高下"，具足性空平等、理事平等、生佛平等大智，故能心包太虚，量周沙界。如《楞伽经》的"菩萨慈念一切众生，犹如己身"，深具"同体共生"的怜悯，故能生起无缘大慈，同体大悲。如《胜鬘经》的"以无厌心为众生说"，故能护持正法，教化众生，恒无疲倦。

菩萨的大智，能断三界的见、思二惑，能离诸戏论，能超出二果浅薄的小智。此大智能起如幻三昧，不住生死，不住涅槃，如观世音菩萨"应以何身得度者，即现何身而为说法"的千求千应，妙用无穷。

三、信大法：菩萨信解"缘起中道"的真理正法，能观空有不二，故能以出世精神作入世事业。菩萨信解"大悲为本，方便为门"，故能悲智双运，福慧双圆。菩萨信解"心、佛、众生，等无差别"，故能如常不轻菩萨，不轻慢一切众生。菩萨信解"无我相，无人相，无众生相，无寿者相"，故能无相布施，无我度生。

四、解大理：菩萨悟解"般若"为诸佛之母，"缘起性空"是诸法实相；"三法印"是宇宙人生真谛；"四大非有"、"五蕴皆空"是生命本质；"同体共生"是宇宙轨则；"三十七菩提分法"是福慧资粮；"上求下化"是成佛之道。因菩萨体认法身真如即不生不灭之生命本体，故虽有生死，而不迷惑，亦不畏惧。

五、修大行：菩萨的大行，即难行能行，难忍能忍。佛陀在未成佛道之前，历经三大阿僧祇劫修行，即使轮回于六道之中，亦无一刻忘失菩萨慈悲的德行，无一念退失菩萨"上求下化"的本愿。例如：作狮子王时，施其身命，满足鹫鸟；为兔王身时，

《华严经》云：

"若人欲识佛境界，当净其意如虚空。"

以闻法故，烧身供养；为金色鹿时，勇猛无畏，救群鹿命；为寂静王时，日日刺血，供养病人；为大龙王时，心无瞋怨，忍其剥皮；为国王身时，剜身以燃千灯，求于半偈；为大兔王时，自投罗网，令群兔出。

六、经大时："三祇修福慧，百劫修相好"，菩萨的修行要经过"三大阿僧祇劫"的漫长时间，还要完成五十一阶位后方得圆满。菩萨于第一大阿僧祇劫，以修信心为主，满十信阶位，直至现证空性。于第二大阿僧祇劫时，已转凡成圣，为地前菩萨，修到七地清净无相的境界。至第三大阿僧祇劫时，已进入八地"不动地"无相无得，无证无悟，成无生法忍，尽断三界惑已，位居补处。

由于菩萨具足善根、信心、愿心与行持，故能久集无量福德智慧，不生疲倦；具般若空慧，久住世间教化众生，不生厌离。

七、证大果：大果是指"阿耨多罗三藐三菩提"，已断二障、二惑、二施，贪、瞋、痴永尽，超越有无、大小、一多、净秽、空有，已达到因圆果满的境地。据《解深密经》中记载，菩萨证得涅槃果位后，又频起悲愿于有形色、方所、事业、住处、眷属、因果等，变现那由他国土，分身千百亿，弘扬正法，利乐众生。

菩萨证悟无上正等正觉之后，具有广大无量无边的慈心悲愿，能生死一如，大小互融。在《四谛论》中更以"圆满、清净、最上、真如、无忧、无尽、无碍、无求"来形容菩萨圣者的境界。此境界实不可言说，不可思议，如《华严经》云："若人欲识佛境界，当净其意如虚空。"是故佛陀教诫世人："见缘起即见法，见法即见佛。"

由此可见，从菩萨道一步一步的实践，到佛果的完成，确实绝非容易，须具菩萨慈悲的大根，了达缘起性空的大智，信仰六度四摄的大法，悟解无证无得的大理，修学上求下化的大行，不畏三大阿僧祇劫的大时，即能证得十力、四无畏、十八不共法的佛果，如此方可称为功满果圆。此一成佛的历程，既是"难行道"——路途漫长而艰辛；亦是"易行道"——真正发心终可抵达。所谓"千里之行，始于足下"，愿与诸行人共勉之。

忍辱负重　终成大器

　　我最近回去朝阳佑顺寺，有位学僧向我提出了一个问题，他说："当我们在修学的过程中，遇到了许多人事上、环境上的挫折与考验，而这些难题是个人能力难以解决的，这个时候，不觉就会产生一种无力感，自然就会生起丝丝的退心，那应该怎么办呢？"他的这个问题，引发我深深的感慨与感触：办佛学院是多么的不容易啊！而要令寺院的住众及学苑的学僧们，生起坚定不移的信心与决心，这又是何其的艰难啊！因此，为了回答这位学僧，我说了以下这段话；其实这也是为学苑其它的老师和学生说的，希望大家能明白其中的深意：

　　《金刚经》有云："一切法得成于忍。"一切法指的是世间法、出世间法。又谓："火烧功德林。"什么是"火"？这

"火"就是瞋恚之火，一发脾气，之前所做的功德就没有了，所以功德的修持和积累确实是不容易的。

那么，这瞋恚之火，要用什么来对治呢？就是"忍辱"；"忍辱"即凡事不怒，凡事能忍，这即是定，这即是智慧，即是一种境界，是绝不简单的。因此，要想成就大事业、大智慧、大法器，忍辱波罗密是不能不修的。

《禅林宝训》里有这样一个故事：寺院里有一位住持老和尚，不知何缘何故千方百计地折磨一个学僧，几乎是达到完全不讲道理的程度，不管有错没错，一见面，轻者奚落一番：这也不对，那也不对；重者就用恶言斥骂，甚至带有侮辱性的痛骂。骂得年轻的小和尚左右为难，无所适从，也摸不清师父到底是什么原因，竟然如此蛮横。他只得听之任之，还得恭恭敬敬地，服服帖帖地接受这无数次的、无理的辱骂。

有一次，这位弟子一如往常给师父端来温度适宜的洗脚水，先用手伸入水中试一试，感觉不热也不凉，就小心翼翼地给师父脱下鞋子、袜子，轻柔地给老人家洗脚；可是师父不但不高兴、不表扬，还横眉怒目，口出粗言，大骂不止；小和尚不敢吱声，战战兢兢的垂手而立，不敢问师父为什么发火，更不能生气离开，只得静静的等待师父继续训教和发落；可是，老和尚仍是不恕不饶，频出恶语，发泄到极怒之时，端起洗脚水朝学僧身上泼去！弄得学僧全身上下像只落汤鸡！师父嘴里还大声谩骂："赶快给我滚出去！我没有你这样愚笨的徒弟！"有时候老和尚大发雷霆之后，还加上用很绝情的语言赶学僧离开："你快走吧！我以后再也不想见到你了，看见你我心里就生气！"但学僧还是不走，和平常一样履行自己该尽的责任，一点都不生气，都不怪师父。可师父却越来越变本加厉了，干脆把学僧的床铺扔出寮房，下了逐出寺门的命令。而这位年轻的僧人一心一意跟随师父学法、修道，矢志不移，根本不想离开这里。所以，师父不让住僧寮，自己就在离师父远远的走廊里住下，免得距离近惹师父生气。师父讲经说法的时候，他又怕师父看见不高兴，就悄悄地躲在窗户外面专心听讲。

这位受气的小和尚忍辱负重地坚持下去，不觉整整一年多了，众多的师兄弟们都在背地里议论他，有的很佩服他的忍耐力，骂也骂不哭，赶也赶不走，铁定了要跟着师父，实在是非常的难得；有人则不屑一顾的认为他太窝囊了，受这种气，何苦呢！此处不留人，自有留人处，到哪个庙里还不能混碗饭吃哩！也有人替他抱不平，说师父实在太过分了！这样无情无义的、无缘无故的折磨徒弟，简直是虐待！简直是残害！简直不像个有德行、有修养的大和尚！也有在这里挂单的小沙弥说："若是我遭受如此不公的待遇马上就走人！我才不去伺候这样蛮不讲理的老和尚哩！"更有些年纪稍长的僧众觉得奇怪，以前老和尚对这位徒弟并不是这样冷酷无情的，为什么近几年来却大大变样了，变得有些难以捉摸了！到底师父为什么要这样做呢？

突然有一天，老和尚召集寺内僧众，对大家说："本座年纪大了，近几年身体不太好，有些力不从心，很想退下来，一方面调养一下身体，另一方面抽出点精力总结多年来的体验，写一些文字的东西留言给你们。所以，现在需要选拔一位德才兼优的人，来接替我担任本寺住持一职。"

一言既出，引发众僧的议论纷纷，坐在大堂里面彼此交头接耳，神秘的猜测，有人说甲师兄能得衣钵；有人说乙师兄深得师父信赖，可传法灯；有人说丙师兄多才多艺，受众人拥戴，堪负大任。

"请将躲在窗外偷听讲经的人领进来！"师父一声"请"字，众人目光不约而同地朝大堂门口望去，只见一人神情慌惧地缓步进入大堂，诚惶诚恐地向师父走去；此时，有人耳语道："师父又要惩罚他了——偷听讲经是不光彩的！"也有人担心的私议："他真倒霉！又让师父抓住毛病了！""别乱猜，听师父怎么说。"

"请肃静！"师父朗声说："你们静听我宣布一个决定！"大堂里一片寂静，师父面泛喜色的说："经过我多年的查察和考验，终于选定了一位品学兼优、能忍辱负重的人来接替本寺住持之职！他就是这位在窗外听经的小和尚！"

此话说完。有人惊异，有人唏嘘，终于，全场响起一片热烈的掌声！

是啊！所谓"百忍成金"，这句话真的一点都没错啊！小忍有小成，大忍则有大成，不忍则将一事无成，甚至招致祸患无穷。忍是多么大的修为、多么大的学问啊！忍是大智、大勇、大福；忍是修身、立命、成圣成贤，成佛作祖的根本。汉代的张良能忍黄石公桥下拾鞋之辱，而得奇书之赠，终于成为足智多谋的千古名臣；韩信能忍无赖胯下之辱，虽被市井小民嘲讽，终于拜将封侯，名垂青史；范雎被打昏扔在厕所受人尿溺之辱，终于投效秦国赢来封侯拜相之誉。故而，若要成就大事，必能忍受常人不能忍受的屈辱。

由此可见，往圣先贤无疑是我们最好的借鉴，所谓"见贤思齐"、"有为者亦若是"，我们又怎能妄自菲薄，不能直下承担，辜负佛陀慈父对我们的殷切期待呢？

沙弥的发心

我们经常听到佛教徒劝人要发心，到底什么是"发心"？发心就是"发菩提心"，也就是愿求无上菩提之心。诸多经典中对发心都有说明，如《涅槃经》三十八曰："发心毕竟二不别，如是二心前心难。"《华严经》曰："初发心时，便成正觉。"《无量寿经》下云："舍家弃欲而作沙门，发菩提心。"《维摩经慧远疏》亦说："期求正真道，名为发心。"

说到发心，以下有一个非常有意义的故事：

过去，在雀离寺有一位证得阿罗汉果的长老比丘。一日，他带着弟子——一位年轻的沙弥一起进城去办事。沙弥背着行李跟在长老的后面。

行走间，沙弥心想："人生世间无不受苦，欲免此苦，当兴何等道？"于是思惟："佛常赞叹菩萨的殊胜，我应当发菩萨心，广度一切有情。"

方才起这个念头，老比丘以他心通照知沙弥已发菩提心，功德无量，于是告诉沙弥："让我来背行李吧！"于是老比丘从沙弥手中接下行李，还让沙弥走在前头。

行进间，小沙弥又起了一个念头："修菩萨行，利益众生实在是不容易！求头予头，求眼予眼，这么困难的事情，我实在是办不到。还不如证得阿罗汉果，做个自了汉，远离世间的疾苦吧。"

老比丘知道沙弥退失了菩萨心，于是就对沙弥说："还是你背行李，走在后方吧！"

就这样，一路上来来回回换了三次，沙弥觉得非常奇怪，为什么师父一下背行李走在后方，一下子又换自己背行李走在后方呢？等到休息时，沙弥合掌请示老比丘其中的原由。

老比丘说："你三次发起利益众生的菩萨心，功德广大不可思议，胜过三千世界成阿罗汉者，所以理当由我来背行李，走在你的后方。但是你也退失菩萨心三次，所以当你退失菩萨心时，

当然是沙弥为师父背行李。这就是为什么我又让你背行李，走在后方的原因啊！"（《众经撰杂譬喻·卷上》）

由此可见，发心实在非常重要。发心不只限定于佛教徒，这不是佛教徒的专利，社会上任何一个人都可以发心，比如说：我们发心吃饭，饭菜就会特别香甜美；发心睡觉，觉就会睡得很安稳；做事更要发心，发心就会不畏艰难辛苦，就会事半功倍。所以只要发心，就无事不成。但要怎样发心才是最好的发心呢？

一、发信愿心，常随佛学：常随佛学是普贤菩萨所发的十大愿之一。我们学佛，就是要学习佛菩萨的精神、学习佛菩萨的发心立愿，我们要时常跟随善知识、老师、大德们学习，唯有至诚的发心，才会有真正的成就。

二、发菩提心，上求下化：菩提心就是"上求佛道，下化众生"的一种愿心，也就是一种自觉觉他、自利利他之心。这是学佛的人都应该发的大心，能发菩提心，必能进趣菩萨道。

三、发慈悲心，喜舍平等：佛教讲"无缘大慈，同体大悲"，有慈悲心的人必能泯灭人我对待，必能不分亲疏地平等照顾到周围的人，如此的话，人与人之间自然能打开隔阂，达到人我无间的境地。

修行若不发菩提心，犹如耕田不下种，

是故，发菩提心是修行首要之务。

　　四、发无我心，成就大我：所谓"无我"，就是不以自我为考虑，而是以大众为考虑；无我，也就是说我们的心境可以包容一切，把别人看成和自己一样；甚至为了完成大我，可以牺牲小我。能够发无我的心，就能够将自己融入大众、融入团体，那么大众、团体就是我，我就是大众，我就是团体。所以，我们学佛必须学习这个"无我"的精神，能够做到无我，成就将会更大、更多。

　　古语云："发心之初，成佛有余。"菩提心为一切诸佛之种子，是净法长养之良田；若能发起此心，勤行精进，定能速成无上菩提。修行若不发菩提心，犹如耕田不下种，是故，发菩提心是修行首要之务。就像我们在日常生活中，做任何事都必须要有目标，有了目标才能找出正确的方向，否则漫无目的，只是耗费体力时间，徒劳无功而已。进一步来说，更对不起自己今生生而为人的福报。因此，我们无论做任何事情，都要为自己设定目标，朝着正确的方向，努力去实现。只要肯发心、肯努力，又哪怕会不成功？希望大家同发菩提心，共成无上道。

众生欢喜　诸佛欢喜
——满贤菩萨供养佛陀

　　一般人不知佛法之广大，修布施供养，只为求人天福报。古印度的南方有一位婆罗门人名叫满贤，是当地的大财主，富甲一方。此人为人性情和顺，心地善良，扶贫救危，悲悯众生，把乡人都当成自己的儿女一样关爱有加。

　　有一天，他摆设盛宴，供养千位外道修行人，祈求未来能升入天界，永脱沉沦。当时有个亲友对满贤长者说，王舍城迦兰陀竹林精舍有一位如来世尊，神通广大，功德无量，精通佛法，闻名国内外，现正在给诸天龙、夜叉、干闼婆、阿修罗、迦楼罗、紧那罗、摩睺罗伽等人和非人演说佛法，那里的国王、长者和万千民众皆来听法，对他所弘传的佛法，无不敬仰。

　　满贤长者听到亲友说佛法精妙无比，即生信敬，立即走上高楼，手捧香花，合掌长跪，遥拜世尊，口中说道："祈愿如来灵验，使我所烧香气，芳馥飞扬，遍布王舍城中，并且将我所供养的香花在佛陀头顶变成花盖。"他的誓愿完毕，香花果然很快就飘到佛陀头顶，变成了花盖，芳香之气遍传王舍城中。

　　阿难见此情景，心中不解，便问佛陀："如此香云从何而来？"佛陀告诉阿难："南方有一国家名叫金地，国中有一长者，名叫满贤，遥请我和众比丘前往应供，我应当到那里接受供养，你们亦可各展神通，一同赴宴。"说完后，佛陀即乘祥云来到满贤宝宅附近，运用神术，将千位比丘隐藏，独自一人，手托神钵，来到满贤面前。

　　满贤看见佛陀驾临，非常高兴，让五百余徒众们端来各种饮食迎接世尊。佛陀安详徐步，神采焕然，威仪持重，现出三十二相、八十种光明，好像千百个太阳光芒四射，普照天地。满贤急忙顶礼膜拜，说道："善来世尊，慈悲怜悯，接受我等供养，实乃三生有幸！"

　　佛陀柔和地说："请将你所设供物品全部放入我的钵中。"五百余徒众实时将所有食物一同投进钵内，可是仍未装满小小的钵盂。满贤及众人目睹如此情景，对佛陀的神通，尽皆钦服；还未想到，随即逾千个比丘霎时间现身眼前，在佛陀身边绕行。满贤惊诧无比，马上五体投地，发大誓愿，归依佛门，广积功德，普度众生。佛陀微笑，从面门处放出五色光辉，遍照环宇，绕佛三匝，然后从佛顶入去。

阿难问佛："如来尊重，不苟言笑，是何因缘，今日发笑？"佛陀回答道："此位长者，具菩萨行，修大悲心，满足六波罗蜜，当得成佛，号曰满贤菩萨，广度众生，不可限量，故此微笑。"

所谓"众生欢喜，则诸佛欢喜"，佛为度一切众生故，示现无量法门；佛法之妙，乃在于应机说法；众生若与佛法有真实之感应，佛自然会心微笑——这就是佛的慈悲。

说到"供养"，实乃佛弟子必行之功课。寺庙三餐之中，早斋、午斋皆应供养。晚餐称为"药石"，不视之为斋饭，而视之为服药，所以不作供养。

一般在家居士于平日用斋时，不分早斋、或午斋，均可合掌默诵："供养佛、供养法、供养僧，供养一切法界众生。"诚心以自己将受用之饮食，发恭敬心供养佛、法、僧三宝，并发广大心供养一切众生。

为何要"供养佛法僧三宝"？因为在浮沉生死的"冥冥大

夜中"，须仰赖"三宝为明灯"，以般若智慧照亮心性的大道；在流转六道的"滔滔苦海中"，须依循"三宝为舟航"，修福修慧，究竟离苦得乐。因此景仰三宝、感恩三宝、并以三宝作为人间最大福田，发恭敬心、菩提心而至心供养。

为何要"供养一切法界众生"？因为人生在世，事事皆以因缘和合方得成就，食衣住行，无一不是藉助众生之力方得圆满，所谓"一粥一饭当思来处不易"，因此应发感恩心以为供养。而我今虽衣食饱暖，世上却有无数饥童饿殍，乃至广大恶道众生受苦无尽，是故应发广大心、慈悲心至心供养。

而最高、最究竟的供养是"法供养"，亦即令一切有情成就佛法智慧解脱之因缘。然除了饮食供养，众生更需要修行佛法，解脱烦恼。因此，结斋时默诵："饭食已讫，当愿众生，所作皆办，具足佛法。"祈愿众生未来皆能至少达到阿罗汉圣者的境界，"所作皆办"（因修行而梵行已立、生死已尽），"具足佛法"的智慧与光明、自在与解脱。

在道场过堂供养时，维那师会带领唱诵："供养清净法身毗卢遮那佛、圆满报身卢舍那佛、千百亿化身释迦牟尼佛、极乐世界阿弥陀佛、当来下生弥勒尊佛、十方三世一切诸佛、大智文殊师利菩萨、大行普贤菩萨、大悲观世音菩萨、大愿地藏王菩萨、诸尊菩萨摩诃萨，摩诃般若波罗蜜。"然后因应早、午饮食特色，早斋唱诵："粥有十利，饶益行人，果报无边，究竟常乐。"午斋唱诵："三德六味供佛及僧，法界有情普同供养，若饭食时，当愿众生禅悦为食，法喜充满。"

偈中，"行人"指精进之修行者；"法界有情"指法界一切众生。"三德"乃指食物具备轻软、净洁、如法之优点；"六味"指苦、醋、甘、辛、咸、淡调配变化，滋味得，二者都是用来形容饮食的甘美。

"粥有十利"则指吃粥的益处有十：

(一)资色：资益身躯，颜容丰盛。

(二)增力：补益衰弱，增长气力。

(三)益寿：补养元气，寿数增益。

(四)安乐：清净柔软，食则安乐。

(五)辞清：气无凝滞，辞辩清扬。

(六)辩说：滋润喉舌，论议无碍。

(七)消宿食：温暖脾胃，宿食消化。

(八)除风：调和通利，风气消除。

(九)除饥：适充口腹，饥馁顿除。

(十)消渴：喉舌沾润，干渴随消。

结斋时，因为法会斋饭是由大众护持供养，故会唱诵："萨多喃，三藐三菩陀，俱胝南，怛侄他，唵，折隶主隶，准提萨婆诃。所谓布施者，必获其利益，若为乐故施，后必得安乐。"祝愿供养法会斋饭的护法居士，因以欢喜心种此清净布施的善因，必将得到世世饮食无忧、究竟安乐的善果。然后才接着唱："饭食已讫，当愿众生，所作皆办，具足佛法。"完成结斋的祝愿。

为佛弟子者，如在每天精进定课之外，斋饭饮食时又能摄心用功，以恭敬心、报恩心、慈悲心、清净心、广大心，至心供养、结斋、祝愿、发菩提心，愿与一切众生共成无上佛道，必能身心清净，法喜充满。这样的话，佛陀必定破颜微笑。

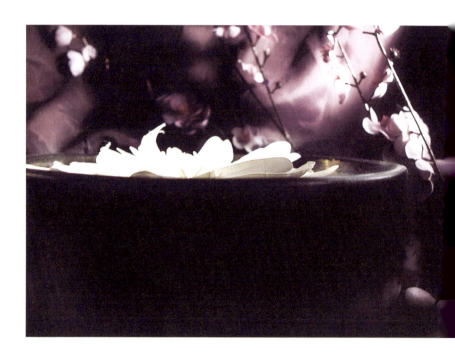

所谓布施者，必获其利益，

若为乐故施，后必得安乐。

四大本空无有我　一身自重不干人
——如何是"四大皆空"？

　　我们都知道，修行人首要的条件就是要看得开、放得下，也就是要先破除我执——要看清楚这个"我"到底是什么？依佛法来说，其实我们的身体不过是四大（地、水、火、风四种元素）假合，如果我们对这个假合的身体不能看破的话，修行就很难成就，更惶论了生脱死。

　　历代的祖师大德们，都是透过坚持不断的苦修，直至修到我空、人空、法空，最后才能获得真正的解脱。可见，"我空"是第一步，但是如何才能做到"我空"？确实是绝不容易。以下为大家说一个苦修多年的高僧的故事。这个故事发生在梁武帝的时代：

在一个严寒的冬天，天空下着鹅毛大的雪片，梁武帝兴致勃勃的邀请志公禅师同赴郊外，欣赏雪景，瞩目远望，山河大地被白雪铺盖成一片银白色世界，煞是好看。忽然看见东南面的高山上，没有积雪，而且还看见微微的暖气往上升腾，梁武帝觉得很奇怪，就问国师志公禅师："为什么那边山上不积雪？"由于志公禅师是一位有名的神僧，一切皆能未卜先知，于是就回答道："那边山上有位大修行人，在上面住着，因为人杰地灵，所以雪都不会下到这个地方。"梁武帝听了，不禁龙心大悦，高兴地说道："既有如此的大修行人，也是寡人的洪福，我一定要请他下山，到皇宫供养，以求福德。"志公说："这位大修行人，道德很高，定力也很好，可惜我执未破，生死还不能了。"梁武帝不信，一定要上山，恭迎此大修行人下山住在宫中，执弟子礼，拜他为师，供养丰裕。

这位大修行人法名为呼海禅师，自迎请入宫以后，静住多时，每一入定就是很多天，确实是"严整威仪，肃恭斋法"，不愧为人天师表。一天梁武帝对志公说："师父！你说禅师我执未破，四大不空，将来生死不能了，照寡人看来，恐怕国师看错了人吧？"志公知道梁武帝对他的话生了疑心，便回答说道："陛下不信的话，我们可以试一试他，自然便见分晓。万岁可与贫僧同食一席盛筵佳肴，另外再做几样下劣的小菜，送给呼海独吃，如果他真的是我执已破的人，对饮食不起丝毫善恶观念，就不会有人我的分别；假使我执未破，这样被轻慢、鄙视的悬殊不平的对待，一定会怒形于色。"

　　梁武帝听了觉得也有道理，就依照志公的话去做，还故意在对面席上欢呼畅饮的轻慢他。这时呼海不禁心头火起，几次想发作，回想自己在深山苦修了几十年，今天为了一点饮食生起气来，实在不好看，因此还是勉强压抑着，不敢表现出来。散席后，呼海一句话都没有说。梁武帝看起来呼海已经很"无我"了，所以对志公说："国师说他我执未破，我们今天如此侮慢他，他都没有改变颜色，可见国师量人不定，神算不准了！"梁武帝甚至还以为志公嫉妒呼海；志公知道了梁武帝的疑惑，因而答道："你哪里知道他的心思呢？其实他已经含恨在心，只是未形之于色，如果再来一次，他必定无明火起三千丈，像炸弹似的爆发起来！"

　　几天后，他们又故意与呼海开了一场大玩笑，梁武帝召集群臣，与呼海和志公欢宴宫中，席间，梁武帝命宫女们将上等彩缎，每人赏赐一匹。众宫女将彩缎捧出来分送各人，在座大小群臣及志公每人都分到一匹。呼海一向是深山的苦修穷和尚，看到这种上等的彩缎，早已心花怒放，眼见每人都分到一匹，而最后分到自己的时候，想伸手去接，宫女们不但不给他，反而讥讽他无福消受；这下可把呼海气坏了，心想：皇上欺我不算，连宫女都看不起我、欺侮我，真是"士可忍，孰不可忍"！气得七孔生烟。呼海是上了年纪的人，真是一气不留命，突然从座上倒下来，一命呜呼去了！神魂堕落恶道，因为一念贪爱彩缎，投生鹊身，身有"呼海"二字。

这时梁武帝眼见呼海气死，深为后悔，责怪志公不应该设计气弄呼海，令他气愤而死。志公说："死了还是小事，可惜已经堕入畜道，投生鹊身了。"梁武帝不信："如此大修行人，怎会堕落恶道？"不过志公的确是神异屡验屡应，故又不能不信，因此很担忧地说："呼海是我们请下山来的，我不杀伯仁，伯仁却因我而死，请国师你救一救他吧！"志公说："赶快派人西去三十里，某一树上有一鸟窠，窠中有小鸟三只，其中一只花斑点的，上有呼海二字，把它捉回来，我就有办法救他了。"梁武帝急忙派二人火速依言行事，果然按地点把小鸟捉回来。志公接过小鸟，来到呼海尸边用力将小鸟拍死，识神回入本体，渐渐活过来了，此时呼海也知道自己已转过一次世了，而且知道是志公把他救回，免堕恶道，所以非常感激再生之恩，五体投地向志公顶礼，并请为开示。志公毫不客气地对他开示道："你少听经教，我执未破，生死未了，将来是很危险的，这回为了一点小事，就如此生气，瞋愤遭堕，我不救你，你已作禽兽，你看可惜不可惜呢？现在我有两句话，望你放下一切，早脱生死，不负己灵：四大本空无有我，一身自重不干人。"呼海从此打开我执，看破四大，努力修行，终于了生脱死。

这就是"四大皆空"的真正意义！我们作为佛弟子、作为修行人，又怎能不以此为鉴，警剔自励，打破我执，放开心怀，好好地用功修行？

八风吹不动　智慧在心中
——如何不被八种境界的风所吹

　　谈到"八风"，相信很多人都听过宋代文人苏东坡与佛印禅师"一屁过江"的公案：

　　苏东坡是位才华洋溢的文学家，他有一个相知甚笃的方外之交佛印禅师，平时二人在佛学、文学上常常互相切磋，但每次老是让佛印禅师占尽上风，苏东坡心里总觉得不是滋味，所以百般用心，想让佛印下不了台。

　　一天，两人相对坐禅，苏东坡一时心血来潮，问佛印禅师："你看我现在禅坐的姿势像什么？"佛印禅师说："像一尊佛。"苏东坡听了之后满怀得意。此时，佛印禅师反问苏东坡：

"那你看我的坐姿像什么？"苏东坡毫不考虑地回答："你看起来像一堆牛粪！"佛印禅师微微一笑，双手合十说声："阿弥陀佛！"

苏东坡回家后，很得意地向妹妹炫耀说："今天总算占了佛印禅师的上风。"苏小妹听过原委，却不以为然地说："哥哥！你今天输得最惨了！因为佛印禅师心中全是佛，所以看到任何众生皆是佛，而你心中全是污秽不净，所以把六根清净的佛印禅师，竟然看成牛粪，这是你自心的反映，这不是输得很惨吗？"苏东坡手拈一拈胡子，黯然地同意苏小妹的看法。

事隔多时，苏东坡修禅定日渐有了功夫，一次出定后，喜孜孜地写了一首诗："稽首天中天，毫光照大千。八风吹不动，端坐紫金莲。"

立刻差遣书童过江，送给佛印禅师，让他评一评自己的禅定功夫如何？佛印禅师看过后，莞然一笑，顺手拈来一枝红笔，即在苏东坡的诗上写了两个斗大的字："放屁"，然后交给书童带回。

苏东坡本来希望佛印会给他多多的赞美，岂料一看，回信中竟是斗大的两个红字"放屁"，不由得火冒三丈，破口大骂："佛印实在欺人太甚，不赞美也就罢了，何必骂人呢？我非立刻过江与他理论不可！"谁知佛印禅师早已大门深锁，出游去了，只在门板上贴了一付对联，上面写着："八风吹不动，一屁打过江。"苏东坡看后深觉惭愧不已，自叹修行不如佛印远矣！

佛教里所谓的"八风"即是：称、讥、毁、誉、利、衰、苦、乐，这八风是生活中不可避免的。人往往逢顺境则喜，遇逆境则忧，受八风境界动摇而无法作主，故憎爱不断，烦恼不息。《大宝积经》说："不为八风动，则不生憎爱。"又说："智者于苦乐，不动如虚空。"一般人容易被外在境界影响，受"八风"牵引而产生贪、瞋、痴、慢、疑等种种烦恼，因此身心不能安定，始终不得自在。作为学佛之人，我们应该如何面对八风？

首先我们要对"八风"有一概要的认识：

一、"称"——就是称赞，例如：有人说你很用功、修行很不错、长得很庄严等等。听了这些赞叹，心里觉得很欢喜，这就是被"称"风吹动了；本来一潭清净的水，起了波浪，这就是众生境界。

二、"讥"——是讥笑、讽刺，甚至是责骂，总令我们感到无限羞辱，内心自然会起伏不平。

三、"毁"——是毁谤。一旦知道有人"说我坏话"，就忍受不了，甚至心存报复之念。听到别人嘲讽、毁谤自己，心里马

上就会产生烦恼。本来平静的心水，一下子就起了千层浪。

四、"誉"——是称誉。当别人称誉我们、褒奖我们，我们就觉得是一种荣誉，就会沾沾自喜。一旦被人肯定，有了好名声，就认为自己很了不起，这就是被"誉"风吹动。

五、"利"——是利益。当利益现前，或事业成功，自然令我们感到满足。又或者是时来运转，这一高兴，心中起了骇浪惊涛，就蒙蔽了清明的智慧。这就是被"利"风吹动。

六、"衰"——是衰败、失败。当我们事业衰败，又或者是遭遇挫折、失败而忧愁烦恼，乃至于身体病痛，或失业、或与亲友别离，难免会感到万分的颓丧。这就是被"衰"风吹动。

七、"苦"——是种种苦受、种种烦恼。当苦境现前，烦恼逼迫，我们身心难以承受，心就不得安宁。

八、"乐"——是快乐或快乐的感受。当我们的身心非常适意，就会认为那是人生最快乐的享受。当我们的事业、人际很得意，左右逢源的时候，往往就容易得意忘形，因而失去觉照的心。

我们凡夫众生，念念攀缘外境，就是经常被这八种境界风所吹，使原本平静的心水变得波涛汹涌，心潮起伏，念头一个接一个，妄想纷飞，风动水成浪，不但淹没了原有的智慧，而且妄起贪、瞋、痴种种烦恼。

可是，我们平日修行、做人、做事，要怎么才能做到不动心呢？那就是要培养定力，要学会把握自己的念头，不要向外攀缘，不要随着外境而转，要自己作得了主。正如《达摩二入四行观》所说："得失从缘，心无增减，喜风不动，冥顺于道。"我们要动心，就只能动善念、不能起恶念，而且起了善念还要不执著。所谓"心有增减是众生，无增无减是圣人"。什么是有增有减？心生欢喜是"增"，心生后悔是"减"，有得失、有增减的心是无法平静下来的，是不可能与真心相应的。无增减的心，即是喜风吹不动，瞋风吹不生，不会被赞叹、毁誉的声音所转、所动摇的；不动不摇的心，就是圣人的心，就是菩提心，以此真心修行才是"冥顺于道"。这就是菩提道、解脱道的修行。

而菩提道的修行，必须是定慧等持方能超凡入圣，得到真正的解脱。我们来看一个故事：

过去，有一位郁头蓝弗仙人，在深山里打坐用功，修得四禅八定，由于定力启发了神通，他能用神足通在天上飞行。郁头蓝弗仙人每天都从山上飞到皇宫接受供养。皇妃看到仙人仙风道骨的模样，心中逐渐生起了好感。有一天，供养之后，皇妃恭敬地顶礼仙人，礼拜时，看到仙人的脚，觉得很可爱，就用手去摸了一下。而仙人看到貌美的皇妃，也动了凡心，这一动心，定力散了、神通消失了，飞也飞不起来，只好走路回家。

事后，郁头蓝弗仙人觉得很惭愧，自己修道数十年，却在一刹那之间定力顿失。于是又发愿重新来过，继续再修四禅八定。当他走进山林准备打坐时，听到树上雀鸟的叫声，觉得很吵杂、很讨厌，就离开山林，到河边去静坐。到了河边，刚坐下来，就听到水里有鱼群跳来跳去的声音，扰人清修。他又离开河边另觅住所，最后总算找到一个没有树、没有水、没有鸟、也没有鱼的山谷，仙人在山谷中慢慢修炼，终于又修成了四禅八定。

不久，他就往生到非想非非想处天，天寿八万大劫。然而天寿享尽之后，仙人却堕入畜生道，变成一只狐狸。为什么呢？他自己也不明白。原来是因为他入山谷修定之前遇到鸟声、鱼声的干扰，心中起了恶念："这些鱼群、鸟群竟然来跟我作对，将来一定要把你们赶尽杀绝！"由于曾经生起了此一恶念，所以天福享尽、定力散失后，就堕落畜生道，变成狐狸，专门吃鸟和鱼。

由此可见，虽然仙人修定、得了神通，但是由于一念不觉，贪爱心起，定力随之散失。事后虽然又再发愿修定，而且得定、生天，但是天寿尽时，过去的恶业现前，仍不免要堕入恶道。

所以，修行所重的是实践，而且要定慧双修、定慧等持。但定力和智慧必须靠长时期的培养，如果平日没有认真下功夫，当境界到来的时候，就会把持不住，认不清真相，没办法通过考验。有定力、有智慧的人，心清净而不迷乱，遇到任何事情，都能平常对待，而且观察得很清楚，不会被外境迷惑而走错方向。

　　总而言之，修行除了要有定力外，还更要有智慧的心，正如《心经》所说的"行深般若波罗蜜多时"，般若就是真正的智慧，就是真正的定力。因此，我们学佛修行，就是要学般若；以般若智慧觉观、返照——照见心中的无明愚痴，照见五蕴皆空，照见人间的悲欢离合，在每一个起心动念之处觉照，见顺境不生贪爱，处逆境不起瞋恚，心心觉照，念念清明，智慧观空，如如不动，如此才能真正的超凡入圣，获得解脱自在。

时时勤拂拭　莫使惹尘埃

　　"佛法贵行，不贵不行"，修行就是实践，在实践中修正自己的偏差、修正自己的错误、修正自己不完美的地方。修行是一条漫长的道路，菩萨道的实践，必须经过十信、十住、十行、十回向、十地、等觉、妙觉五十二个阶位的次第；菩萨发愿，就是要烦恼断尽，众生度尽，方证菩提——所谓破一分无明，证一分法身；由凡夫位修至佛位，所经历的是三大阿僧祇劫的时间。其中所需要的是日积月累，持之以恒的精神。也就是说，修行是心地法门的实践功夫。

　　我们的心地，就好像明镜一样，五欲六尘的污染，就会蒙蔽明镜原有的光辉；所谓"时时勤拂拭，勿使惹尘埃"，修行就如同扫地一样，把蒙蔽着我们心镜的尘埃清除——我们所扫的不是外面的地,而是内在的心地。

所谓"扫地扫地扫心地,心地不扫空扫地;人人都把心地扫,世上无处不净地",这"扫心地"的功夫源自《大佛顶首楞严经》卷五《周利盘特伽鼻根圆通章》。周利盘特伽是佛陀的弟子,由于资质鲁钝,常常受到别人的嘲笑,所以佛陀教他于扫地时背诵"扫帚"二字。虽然是简单的两个字,但他却记得前一字即忘记后一字,记得后一字即忘记前一字;想到"扫"就忘了"帚",想到"帚"就忘了"扫",因此苦恼不堪。于是佛陀慈悲地告诉他:"'扫帚'的意义就是去除尘垢。想想看,你诵'扫帚'二字的目的是什么呢?"周利盘特伽依佛陀的教导思惟着:"什么是尘垢呢?灰土瓦砾是尘垢;什么是去除呢?去除就是清净。所以佛陀是在提醒我们,除了扫除外面的尘垢外,还要去除心中的尘垢,烦恼除尽,智慧自然就会开启。"周利盘特伽就这样不断地扫除心尘,放下思虑,最后一念相应,显现智慧,终于证得阿罗汉果。

这就是《大智度论》所说的:"一心正念,速得道果。"只要我们安住正念,即使外表看起来极为平常的扫地工作,也能从中启悟真心。有一天,佛陀走在逝多林中,看到满地的落叶,所以希望藉此因缘,让大家广修福德,种清净因,于是拿起扫把准备扫地。弟子们心想:"出家修行是以佛身为己身,佛陀处处以身作则,他的一举一动背后都富有深义,所以我们应该好好地跟随。"于是大家马上拿起扫把，跟着佛陀一起扫地。慈悲的佛陀应机施教说："扫地可以获得五种最胜利益：一、使自心得清净。二、使他人得清净心。三、令诸天欢喜。四、种下正业之因。五、此生结束后生往天上。"大众听完佛陀开示，没想到像扫地这么平凡的事，都能有这么殊胜的功德，于是满心欢喜扫除地上的尘垢，使它回复原本的清净。

说到这里，我想跟大家讲一个小和尚扫地的故事：

寺庙里有个小和尚，职责就是清扫寺庙的院子。每天早晨，他都要早早起床。院子内其实很干净，唯一需要打扫的就是遍地的落叶。清晨起床扫落叶实在是一件苦差事，尤其是在每年秋冬之际，每一次刮风时，大量的树叶就会随风漫天飞舞而下。每天早晨都需要花费许多时间才能清扫干净，这让小和尚头痛不已，他一直想要找一个好办法让自己轻松一些。

于是他便去请教一位师兄，这位自作聪明的师兄告诉他一个方法："你在明天打扫之前先用大力气摇树，把树叶全部摇下来，后天不就可以不用扫落叶了。"小和尚听了之后，觉得这是一个一劳永逸的好办法。第二天就起了个大早，使劲地猛摇每一棵树，可是只摇落了薄薄的一层，清扫完了之后，一转身又落满了一地，无论怎样的扫，树叶还是会不断的落下。小和尚感到非常懊恼，这时寺庙的住持走了过来，见小和尚闷闷不乐的样子，

扫地其实就是扫我们的心地；而我们要用怎么样的心来扫地呢?

依佛经所说，应该用惭愧、忏悔、返照、觉察、觉照的心来扫。

问清原委之后对他说："傻孩子，无论你今天怎么用力，明天的落叶还会飘下来的。世间一切都有时节因缘，春天播种，夏天成长，秋天落叶；万事万物都有本然的规律，既不能提前，亦不能延后，就好像我们求学一样，必须由幼稚园，继而小学、中学、大学、研究所，次第地循序渐进。修行的道理亦是一样，理可顿悟，而事必须渐修，没有天生的释迦，亦没有现成的弥勒。修行必须脚踏实地，一步一脚印，一念一艰辛，努力不懈，持之以恒，最终才能有所成就。"小和尚听完住持法师的一番话后，终于明白了，于是以后每天依然默默地扫落叶，虽然是同样的工作，可是心境却完全不一样了。

上述的故事说明了，扫地其实就是扫我们的心地；而我们要用怎么样的心来扫地呢？依佛经所说，应该用惭愧、忏悔、返照、觉察、觉照的心来扫，如是念念分明、念念作主、念念觉察、念念觉照，这样，就能把心中的灰尘扫掉了。

佛法有事有理，修行人出坡作务外修事相是有漏善的福德，内证佛性无漏智才是功德。唯有福德、功德兼具，事理一如，才是出离生死苦海乃至成佛作祖之道。除此，我们还要广行菩萨道，进一步发愿回向："扫除尘垢，当愿众生，眼根清净，常登觉地。净除心垢，当愿众生，永断习气，一尘不立。"（《华严经．净行品》）如此以愿导行，不仅自利，亦能利他，必能回归清净自性，成就庄严净土。

本来无一物　何处惹尘埃

《时时勤拂拭，勿使惹尘埃》发表后，引起很多网友的兴趣并留言，其中提到：本来无一物，我们是否还要时时勤拂拭的问题；亦有网友认为，禅宗的"时时勤拂拭，勿使惹尘埃"与"本来无一物，何处惹尘埃"两首偈颂，意境超凡；前一首在现实生活中仍可勉力做到，而后一首则境界太高了，现实社会的我们要做到的话，实在非常困难。两首偈颂之间，到底有何区别？现为大家略为解释一下：

"本来无一物，何处惹尘埃"，是禅宗六祖惠能大师所作的一首著名偈颂中的两句。这首偈颂，见于《六祖坛经》。据该书记载，惠能俗姓卢，祖籍范阳（今北京市大兴、宛平一带）。三岁丧父，后随母移居南海新州（今广东新兴县），家境贫困，靠卖柴养母。一天，惠能在市中，闻客于店内诵《金刚经》至"应无所住而生其心"句，言下有悟。得知禅宗五祖弘忍在蕲州黄梅山广传佛法，遂前往拜谒，求请出家。

二十四岁的惠能，初见弘忍，弘忍便问他："你是哪里人？来这里求取什么？"惠能回答："弟子是岭南人，唯求作佛！"弘忍说："你是岭南人，又是獦獠(当时中原对少数民族的称呼)，如何堪作佛？"惠能说："人有南北，佛性岂有南北？和尚佛性与獦獠佛性无别；和尚能作佛，弟子当能作佛。"弘忍遂命他随众劳动，在碓房舂米。

当时弘忍的禅众有七百多人，在惠能入寺八个月后，弘忍命各人作偈呈验，准备付以衣法。时神秀是弘忍的得意弟子，为众中上座和尚，在三更时分，独自掌灯，在佛堂的南廊写下一偈："身是菩提树，心如明镜台；时时勤拂拭，勿使惹尘埃。"一时传诵全寺。弘忍看了对大众说："依此修行，可得胜果。"惠能虽不识字，但闻僧诵此偈，以为还不究竟，便改作一偈，请人写在壁上。偈云："菩提本无树，明镜亦非台；本来无一物，何处惹尘埃。"众见此偈，甚为惊异。弘忍见了，即于夜间，召惠能入室为他解说《金刚经》传于衣钵，并送他往九江渡口，临行叮咛南下后，隐晦于四会、怀集之间。

以上是惠能得传衣钵的经过。但是，为什么弘忍将衣钵传给惠能而不是传给神秀呢？下面让我们来看看他们两人所写偈语的分别；神秀偈颂的意思是说，修行佛法，要在日常生活中小心检点，时刻用功，不断修持，以防止身、口、意的恶业尘埃，障蔽我们清净的心性。惠能偈颂的意涵，则指一切万物本来无染无净，空无所有，了不可得。所谓"尘埃"（烦恼、业障等），也是空的，没有染、净的分别。关于惠能的偈颂，还有另一种说法，说他的偈文为："菩提本无树，明镜亦非台；佛性常清净，何处有尘埃？"惠能的偈颂到底是怎样写的，学术界目前还有争论，但这并不是我们现在所要讨论的内容。

我们想要了解的是，"本来无一物，何处惹尘埃"的含义是什么。我们都知道，中国佛教的体系是相当繁富的，有大乘，也有小乘；有"空宗"，也有"有宗"，而大多数的宗派都主张空、有融合。大乘空宗，在印度名为"中观学派"，是佛教思想史上的一次重大的变革，其教理内容，以"空"为主要思想，用"空"来破斥迷信，扫荡一切形相与执著；认为一切万法本性皆空，无论是世间或出世间的一切现象，包括精神现象与物质现象，也包括我们在认识活动中所得到的种种，其实都不过是假名而已。

佛教重视解脱，而所谓"解脱"即是破除各种系缚。因此中观学派之讲空，对于系缚的破除，尤其是对"见缚"（认识）的破除，确实发挥了极大的作用。然而，中观学派讲空，最后到了一法不立的地步，这样的话，修行实践要如何依据？因此，佛教从中观的"真空"向"妙有"过渡，就成了一种必然的趋势。所以在印度大乘佛教中期以后，便开始出现了宣讲"妙有"理论的一系列经典，如《法华经》、《涅槃经》等等，都是提倡一种永恒、普遍、绝对的佛性，作为一切众生及万物存在的基础与根据。

在中国，这两种思想几乎是同时传入。于两晋南北朝之际，经过道生法师等人的阐扬发挥，综合空、有，即结合《般若》的"缘起性空"，与《涅槃》的"佛性妙有"，从而提出"一切众生皆有佛性"的思想。其理论中心认为，所谓"佛性"，也就是众生成佛的内在依据、内在原因，是一种绝对的、普遍的、永恒的存在，它具有感应一切的功能，可与一切众生及万物相应，因而能够摄持于一切众生及万物之中。

因此，从这种意义上说，一切众生皆有"佛性"，都有成佛的种子，将来都能成佛。因此，"佛性"的呈现，也就是对般若学所说的"缘起性空"之理的完全证悟，又可称为"实相"、"法性"、"空"、"真如"等等。这是在最高意义上，将般若的"空"与涅槃的"有"完全统一起来，也就是说，永恒的"佛性"，其实就是"空"或"空性"。

从这种思想出发，我们可以看出：在世间意义上来说，一切众生都是五蕴和合的产物；而在究竟即"实相"的意义上来说，则一切众生的存在，都不是真实的，都是暂时存在的假有，也就是一无所有；所有的只是宇宙间唯一无二的"空"理；这种空理是宇宙间唯一的真实，它在众生之中，即表现为众生的"佛性"；表现于万物之内，就是事物的"法性"。由于"佛性"是一种空理，超出了一切语言、思维所能表达与诠释，因此无法用语言和思维加以分别。因此，所谓"染"、"净"的分别，其实不过是假象而已。理解了上述道理，我们就可以理解惠能"本来无一物，何处惹尘埃"的含义。

惠能的体悟，融和了《般若》的性空思想和《涅槃》的一切众生皆有佛性的思想。正是在这种体悟之下，说出了"本来无一物，何处惹尘埃"的著名偈颂。"本来无一物"的意思，就是说世间万物皆为假相，没有一法是实有；"何处惹尘埃"，则特别强调"尘埃"也不是真实的，所以没有染与不染的分别。总而言之，惠能所主张的是"佛性本净"，这是唯一的真实，既没有尘埃，也没有尘埃可染。因为一切都是"空"理的呈现，唯此为真，其余皆假。所以，众生只要清楚地体认自身本具的佛性，彻底地体认"空"理，就能觉悟成佛。

惠能的这种看法，恰恰与神秀的看法相反。神秀把身体看作是"菩提树"，把心当成是"明镜台"，把事相看成是真实的，这就是执"有"为实，因而违背了般若"缘起性空"的原则。另一方面，神秀强调"尘埃"的存在，也就是把世间可染之物执为实有，这也与般若的原则背道而驰。

既然佛性是普遍的、平等的，那么心即性，性即是佛，自性也就是自佛。所以惠能说："自性觉，即是佛。"（《坛经·疑问品》）、"自性若悟，众生是佛。"（《坛经·付嘱品》）正因为人人都有觉悟之性，所以人人都可以成佛，因此，惠能强调"明心见性"、"顿悟成佛"。如何才能达到"明心见性"？在惠能看来，众生迷悟之间的转化，其实就只在刹那间、一念间。他说："前念迷即凡夫，后念悟即佛"、"一刹那间，妄念俱灭，若识自心，一悟即至佛地"、"迷来经累劫，悟则刹那间。"（《坛经·般若品》）这就是惠能禅法的"顿悟"思想。

相对之下，很明显地神秀的修行方法则是"渐修"，要保持心地的清明，就要"时时勤拂拭，勿使惹尘埃"。这就反映了二者修行方法上的不同与内心境界的差别。神秀的渐修方式，可以说是修行实践的基础，所谓"理在顿悟，事须渐修"，也就是说，心性的发明，智慧的开启，必须经过实修实学的工夫，这是对一般根性的人来说的；而惠能的顿悟方法，识自本心，见自本性，言下大悟，豁然开朗，一超直入，这是对上根利器的人而言，并非每一个人都能做到。因此，初学佛的人，最好不要好高骛远，唯有脚踏实地，循序渐进，才能做一个真正常随佛学的好弟子。

图书在版编目（CIP）数据

愿你在繁华世界，修一颗清凉的心 / 宽运著.
－－北京：团结出版社, 2018.4
ISBN 978-7-5126-6286-5

Ⅰ.①愿… Ⅱ.①宽… Ⅲ.①人生哲学—通俗读物
Ⅳ.①B821-49

中国版本图书馆CIP数据核字(2018)第080609号

出版：团结出版社
（北京市东城区东皇城根南街84号 邮编：100006）
电话：（010）65228880　65244790（传真）
网址：www.tjpress.com
Email：65244790@163.com
经销：全国新华书店
印刷：北京印匠彩色印刷有限公司

开本：145×210　1/32
印张：9
字数：260千字
版次：2018年10月　第1版
印次：2018年10月　第1次印刷

书号：978-7-5126-6286-5
定价：45.00元